KB137941

비율로 보는 한옥 실무

《개정판》 서정원 지음

맑은샘

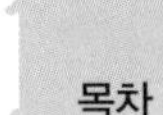
목차

제 1 부

1 한옥(韓屋)의 이해

우리의 전통건축 한옥은 자연을 있는 그대로 최대한 활용하여 사람과 자연이 공생하는 데 중점을 두었다. 짚과 흙을 섞어서 만든 흙벽, 직사광으로 들어오는 햇빛을 막아주고 은은한 채광을 가능하게 하는 한지, 유연한 곡선을 그리며 비바람을 막아주는 기와지붕, 빛을 최대한 들이고 자연의 경치를 느끼기 위해 설치된 넓은 창호, 풍경과 하나가 되는 마루…

이 모든 것이 자연과 일치되어 주위의 사물과 조화를 이루고자 하는 것으로, 열린 공간을 지향하는 전통건축의 중요한 특징이다. 또한 이러한 것들은 자연친화적일 뿐만 아니라, 과학적으로도 그 우수성이 입증되고 있다.

목재를 많이 사용하는 전통건축은 구조적인 특성상 습기에 약하다. 그에 대한 대비책으로 기단을 설치하여 대지의 습기를 차단하였고, 흙과 짚을 사용해 만든 흙벽은 보온성이 뛰어나다. 또한 창에 바른 한지는 오염된 공기를 순환하는 통풍성능이 매우 우수하다. 이 모든 것들은 사람의 몸과 마음을 건강하도록 살아갈 수 있게 만드는 요건 들이다.

이러한 사실로 미루어 볼 때, 전통건축은 주변에 풍부한 재료의 특성을 제대로 이해하고 이를 실생활에 조화롭게 활용하는 우리 조상들의 지혜로움을 알 수 있다.

가. 기후와 가옥의 형태

기후는 우리의 일상생활과 밀접한 관련이 있다. 특히 전통가옥구조는 기후의 조건에 따라 지역별로 그 차이가 뚜렷하게 나타난다.

비가 많이 내리는 지역에서는 지붕의 물매가 급하고, 건조한 지역에서는 물매가 완만하다. 그리고 추운 지방에서는 보온과 방풍을 위해 벽을 두껍게 하고 지붕을 낮게 하며 구들과 같은 난방시설을 갖춘 폐쇄적인 가옥구조가 나타난다. 이에 비해 덥고 비가 많은 기후인 지역에서는 통풍을 위해 마루와 같이 개방적인 가옥구조가 나타난다.

나. 우리나라 가옥의 구조

우리나라의 전통가옥은 내부구조에 따라 크게 겹집과 홑집으로 나눌 수 있으며, 지역에 따라서 관북형, 관서형, 중부형, 남부형, 제주형 등으로 구분된다.

북부지방은 관서지방과 관북지방의 가옥구조가 다르게 나타난다. 겨울이 길고 한랭한 관북지방에서는 전(田)자형의 겹집 구조와 정주간을 찾아볼 수 있으며, 동절기 차가운 북서풍의 영향이 강한 관서지방에서는 ㄱ자형의 가옥구조가 많이 나타나며, 구들과 같이 난방시설이 발달함을 볼 수 있다.

중부지방에서는 안방과 부엌이 밀착되어 있고, 부엌을 안방 앞에 둔 ㄱ자형과 ㄷ자형의 가옥구조가 많이 나타난다.

남부지방에서는 기후가 따뜻해 一자형의 홑집 구조가 주로 나타나며, 여름을 시원하게 보내기 위한 대청마루가 안방과 건넌방 사이에 존재한다. 남부지방 중에서도 섬 지역인 제주도의 가옥구조는 더운 여름을 보내기 위해 집 중앙에 있는 마루를 중심으로 방과 부엌이 분리되어 있다.

바람이 심한 해안지방이나 북서풍의 영향을 많이 받는 평야 지역에서는 강풍에 의한 피해를 줄이기 위해 독특한 가옥구조가 나타난다. 예를 들어 평야 지대인 호남지방은 바람을 막기 위해 대나무로 집 둘레를 둘러 방풍림을 조성하거나, 제주도에서는 돌담의 높이를 높게 하고 새끼 등으로 지붕을 얽어매서 강풍의 피해를 막았다.

(1) 북부, 중부, 남부지방의 가옥구조 특징

㉠ 북부지방 추위에 강한 가옥구조로 폐쇄적이어서 보온이 잘 되어있다. 전(田)자형태의 겹집(방이 두 칸)과 추운 겨울을 보내기 위해 바람이 잘 통하지 않는 ㅁ자형 구조로 두꺼운 벽과 작은 창문, 낮은 천장 등이 특징이다.

㉡ **관북형** ㅁ자 형태이며 강원 북부 지역으로 폐쇄성이 강하다. 겹집과 정주간(부엌과 안방 사이의 벽이 없이 부뚜막과 방바닥이 이어져 있음)이 있으며 함경도 지방에서 많이 볼 수 있다.

㉢ **관서형** ㄱ자 형태로 북서풍의 영향이 강해 대청이 없다. 부엌에 이어 방이 연속되고 집 둘레에 방풍림을 조성하였다.

㉣ **남부지방** 一자 형태로 호남지방과 영남지방, 강릉 이남의 영동지방에 분포되어 있다. 고온 다습한 기후에서 통풍이 잘되는 개방적인 가옥구조의 형태이다. 넓은 대청마루와 툇마루, 넓은 청문, 방이 한 줄인 홑집으로 통풍에 유리한 구조이다.

㉤ **제주도형** 대청을 중심으로 부엌과 방이 분리되어 있다. 강풍에 대비하여 높은 돌담과 지붕을 새끼나 그물로 얽어매었다.

다. 풍수지리(風水地理)와 한옥 건축

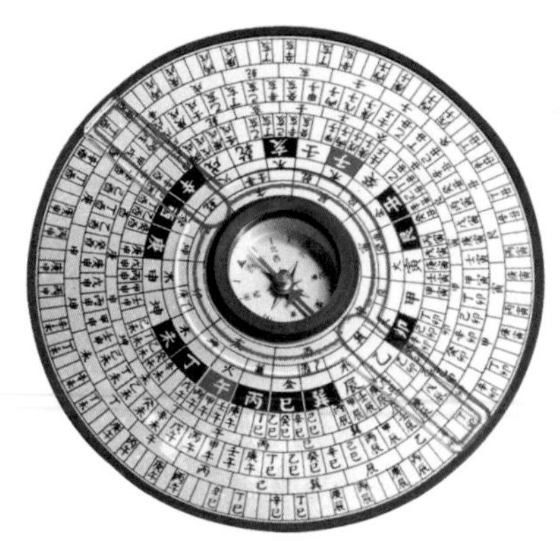

•패 철 (옛 지관들이 사용했던 나침반)

풍수지리는 우리 조상들이 바람과 물과 땅의 형세와 방위 등을 고려해 자연과 사람이 공존하여 이롭게 살아가는 데 인식을 두었다. 즉 자연에는 일종의 신비한 기(氣)가 있어 인간의 화복(禍福)에 커다란 영향을 미친다는 것이다. 이런 생기(生氣)는 바람(風)을 타면 흩어지고 물(水)을 만나면 멈춘다. 그래서 생기를 얻기 위해서는 바람을 막아 흩어지지 않고 물을 두어 멈추게 하는 장소가 필요하다. 이렇게 생기가 순환하는 지맥(地脈)이 흐르고 그 생기가 집중하는 혈(穴) 자리가 명당자리이다. 이 명당자리 풍수는 크게 양택풍수(陽宅風水)와 음택풍수(陰宅風水)로 구분한다. 양택풍수는 도읍을 정하거나 마을의 살림 집터 등 사람이 살고 생활하는 거주 자리를 잡는 데 쓰이고, 음택풍수는 죽은 사람의 묘지 자리를 잡는 데 쓰인다. 한옥을 짓는 목수에게도 풍수는 중요하게 작용하여 전통건축의 공사일정과 시공방법에도 많은 영향을 끼쳤다.

한옥의 배치 모습이 구(口)자 모양은 굶주리지 않고 먹을 것이 많다는 뜻이 있어 좋고 일(日)자 모양은 하늘의 해를 상징하여 관직이나 부를 쌓는 의미가 있어 좋은 것으로 생각하였다. 반대로 공(工)자 모양은 집이 하자가 발생하여 고친다는 의미로 좋지 않았고 시(尸)자 모양은 죽음이나 귀신을 의미하여 좋지 않은 것으로 여겼다.

• 상량문

또한 한옥을 짓는데 기둥 부재의 목재를 거꾸로 세우지 않고 나무가 자란 남북방향과 같게 세우며 죽은 나무, 벌레 먹은 나무, 단풍나무 등을 재목으로 쓰지 않았다. 또한 제사를 지내는 당산나무나 사찰을 짓다가 남은 나무, 배를 만들다가 남은 나무, 과실이나 꽃이 피는 나무를 사용해 집을 짓는 것을 꺼렸다.

한옥을 짓는 기간에도 풍수설과 밀접한 관계가 있다. 개토(開土: 땅을 열음), 정초(定礎: 주초를 놓음), 입주(立柱: 기둥을 세움), 상량(上樑: 용마루를 올림), 입택(入宅: 집으로 들어감) 등은 액운이 없는 좋은 날짜를 정하여 제사를 지냈다.

한옥의 평면을 나눌 때에는 일변 3, 일변 4, 빗변 5를 맞추어 구고현법이라는 수리로 직각을 잡았는데, 이는 현대 수학에 있어 피타고라스의 정리와 같은 원리이다.

라. 건축양식

•안동 봉정사 극락전

우리나라 목조건물 중에 가장 오래된 건물은 안동 봉정사 극락전이다. 근세까지는 영주 부석사 무량수전이 가장 오래된 건물로 알고 있었다. 하지만 고찰 문화재 수리하는 도중에 봉정사 극락전에서 '지정 23년'이라는 글씨가 발견되어 극락전은 무량수전보다 오래된 건물로 판명되었다. 수리연대가 지정 23년이라는 것은 고려 공민왕 12년이고 서기 1363년이다.

현존하는 목조건물은 고려시대의 건물로 봉정사 극락전, 부석사 무량수전과 조사당, 수덕사 대웅전, 강릉 객사문 등이 있다. 이후 조선시대 초기 임진왜란으로 대부분 불타 소실되고 조선 중기 이후의 건물이 많이 남아 있는 편이다.

(1) 민도리식과 익공식(翼工), 포식

건축양식으로 민가나 평민이 거주하는 가장 간결한 구조로 민도리식 구조가 있고 반가나 양반이 거주하는 약간의 장식적인 익공식 구조가 있다.

민도리식은 기둥에 장여와 보가 직접 조립되고 그 위에 도리를 얻는 형식으로 이루어진 간결한 가구 구조이다. 익공식은 기둥에 익공과 창방을 결구하고 주두와 장여를 조립하여 보를 받치며 그 위에 도리를 얻는 형태를 말한다. 또 익공의 수에 따라 초익공, 이익공, 삼익공까지 있다.

출목이 있는 익공양식은 고려에서 조선시대에 나타난 건축양식으로 출목이 있는 경우에 포식이라는 명칭을 붙여 사용하였다. 포식 건물은 다시 기둥 위에만 포가 있는 주심포식과 기둥 위와 기둥 사이에도 포가 있는 다포식으로 나뉜다. 출목이 있어 화려한 포식은 주로 사찰이나 궁궐을 짓는 데 사용해 왔다.

(2) 귀솟음과 안쏠림

• 영주 부석사 무량수전

귀솟음은 기둥의 길이를 높여 건물이 균형을 이루게 하는 기법이며, 안쏠림은 귓기둥을 건물 내부 쪽으로 약간 기울여 안정감을 주기 위한 기법이다.

귀솟음은 중앙기둥에서 양측면으로 갈수록 기둥높이를 점점 높게 하는 것이다. 귀솟음이 없이 기둥 길이의 높이를 같게 세워 놓으면 귓기둥이 처져 보이고 건물 전체가 귓기둥 쪽이 낮아 보이게 된다. 이런 착시현상을 방지하기 위해 귀솟음을 쓴다.

또한 귓기둥을 안쏠림 없이 수직으로 세우면 귓기둥이 밖으로 쓰러지려는 불안정한 상태가 되므로 이런 현상을 방지하기 위해 내부 쪽으로 약간 기울여 시공하는 것이다. 현대 한옥 시공에서는 중장비의 발달로 지정과 기초가 견고하게 시공되어 이런 기법들은 잘 쓰이지 않게 되었다.

(3) 앙곡과 안허리곡

한옥의 처마선은 수평으로 하지 않고 건물의 중앙에서 측면 쪽으로 약간씩 올리는 데 이를 앙곡이라고 한다. 앙곡은 평연 쪽에 굽은 서까래를 이용하고 추녀 쪽에 갈모산방을 설치하여 처마곡선이 점차 높아지게 하는 기법이다. 앙곡이 없이 수평지면 지붕 양 끝이 처져 보이는데 이런 착시현상을 보정하기 위해 추녀 쪽을 점차 높여주는 것이다.

안허리곡은 추녀의 외목을 길게 하여 지붕 곡선이 건물의 중앙부보다 측면이 더 길게 뻗어 나가게 하는 것을 말한다. 그래서 처마를 기단 위에 서서 올려다 볼 때 지붕선이 직각이 아니고 건물 바깥쪽으로 휘어지게 보인다.

이러한 처마의 곡선은 보통 하나의 곡선으로 보이지만 위로 올라가는 앙곡과 바깥으로 뻗는 안허리곡의 이중 곡선으로 이루어진 것을 알 수 있다.

마. 한옥의 구성요소

(1) 지정(地定) 다지기

㉠ **판축지정** 단순히 흙만을 달고질하여 층층이 다지면서 쌓아 올려 지정하는 것이다.

㉡ **입사지정** 초석이 놓일 위치를 생땅이 나올 때까지 파고 모래를 1자 쌓고 물을 부어 층층이 다져 올리는 지정이다.

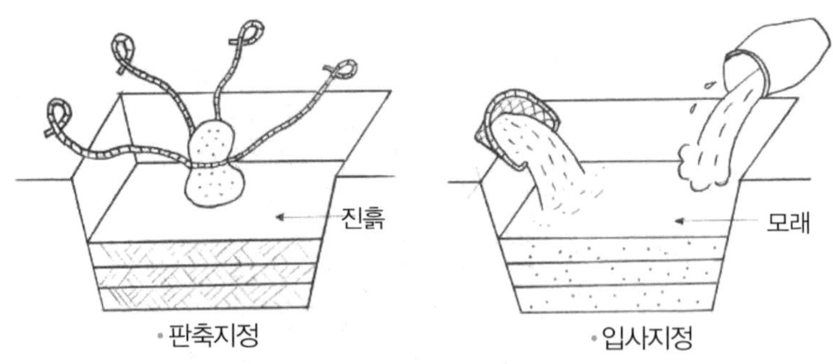

• 판축지정 • 입사지정

㉢ **적심석지정** 초석이 놓일 위치를 생땅이 나올 때까지 파고 잔자갈을 층층이 다지면서 쌓아 올리는 지정이다.

㉣ **장대석지정** 지반이 약하거나 건물 규모가 매우 커서 하중이 클 때 사용한다. 생땅이 나올 때까지 파고 장대석을 우물정자형으로 쌓는 방식으로 경복궁의 경회루, 남대문과 동대문의 지정에서 쓰였다.

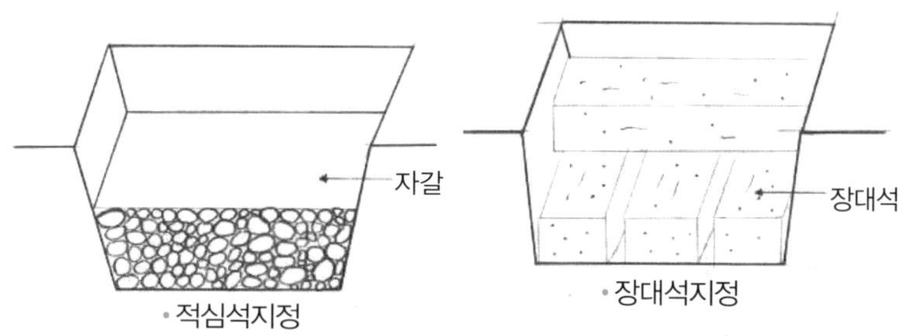

• 적심석지정 • 장대석지정

㉤ **달고** 돌이나 나무로 만들어 쓰인다. 돌달고는 절구통 모양으로 중간의 잘록한 부분에 밧줄을 여러 가닥 매어 사용한다. 나무달고는 통나무에 손잡이를 2~4개 고정하여 들었다 놓으면서 지반을 다지는 것이다.

㉥ **달고질** 나무달고나 돌달고로 지반을 다지는 작업이다.

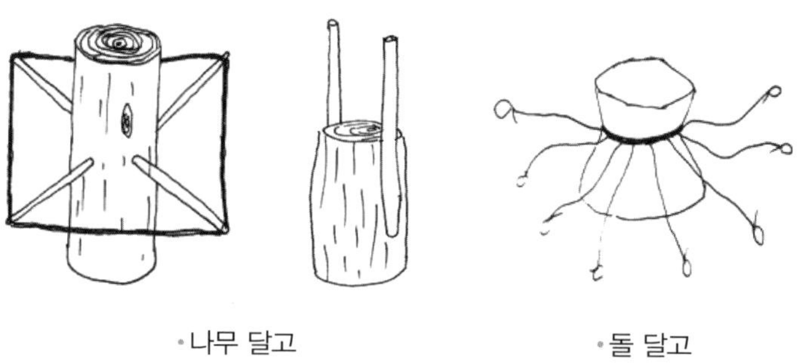

• 나무 달고 • 돌 달고

(2) 기단(基壇)

한국건축에서 기단은 삼국시대부터 조선시대에 이르기까지 모든 건축에 필수적으로 사용됐다. 기단은 중요한 의장적 요소가 되었으며, 기단이 갖는 상징성도 무척 중요하다 할 수 있다. 권위가 있는 건물일수록 기단을 높게 쌓고 장식을 하는 경우가 많았다.

기단은 건물을 지면에서 높여주는 역할을 한다. 지면의 습기를 피할 수 있고 마당에 깔린 백석에서 반사되는 반사광을 집안에 충분히 받아들여 쾌적하게 생활할 수 있게 하였다. 또한 건물 내부의 공간을 구성하여 전통구들을 설치할 수 있도록 하였다.

기단은 한옥에서 잘 발달하여 왔으며 그 높이가 중국이나 일본보다 높은 편이다. 기단 높이는 대략 2~5자(약 600㎜~1,500㎜) 정도의 높이로 건물 규모나 용도에 따라서 차이를 보인다. 기단은 사용되는 재료나 형태에 따라 종류를 나눌 수 있다.

기단을 분류함에 크게 네 가지로 구분한다.

•자연석 기단

•가공석 기단

㉠ **첫째** 쌓는 재료에 따라 토단(土壇), 석축(石築)기단, 와적(瓦積)기단으로 분류된다. 토단은 기단의 원시적 형태로 일반 서민주택에서 많이 사용을 했다. 진흙을 쌓아 올리는 것으로 견고함을 위해 작은 돌을 섞어 쌓거나 목심을 박아 쌓기도 한다.

석축기단은 장대석(長臺石)이나 판석(板石)으로 쌓거나 석재를 사용하여 쌓는 기단으로 한국건축 기단의 주류를 이루며 가장 다양하다.

와적기단은 기와와 황토를 켜켜이 눕혀 쌓아 올린 기단을 말한다.

㉡ **둘째** 기단의 수에 따라 단층(單層)기단, 다층(多層)기단으로 분류할 수 있다. 단층기단은 높이와 상관없이 단일 층으로 형성된 것을 말한다. 돌을 쌓는 켜에 따라 외벌대, 두벌대, 세벌대 등으로 부른다. 다층기단은 단수가 둘 이상이 되는 것을 말한다. 이 경우 기단의 넓이가 넓어지며 민가에서는 드물고 궁궐이나 사찰에서 볼 수 있다.

㉢ **셋째** 기단 형태(마감 석재의 형태)에 따라 막돌허튼층쌓기, 막돌바른층쌓기, 다듬돌허튼층쌓기, 다듬돌바른층쌓기로 구분할 수 있다.

㉣ **넷째** 쌓는 방법에 따라 적석식(積石式) 기단, 가구식(架構式) 기단으로 분류된다. 적석식기단은 기단 석재을 차곡차곡 쌓는 방법으로 대부분의 기단들이 이에 속한다.

가구식기단은 기단에 석주(石柱)를 세우고 석주 사이에 면석(面石)을 끼워 넣고 다시 갑석(甲石)을 덮어 마감한다. 이 양식은 목조건축의 목공사와 유사하다 할 수 있다. 현존하는 대표적인 예는 불국사 대웅전이다.

• 경주 불국사 대웅전

(3) 기둥

기둥은 가구식(架構式) 구조물에 있어 가장 중요한 기본 부재이다. 구조적으로 지붕의 하중을 받아 그 하중을 초석에 전달하며 실제로 공간을 형성하는 기본 뼈대가 된다. 또 의장적으로도 중요한 요소가 되고 건물의 높이 결정에 영향을 미치며, 간살이와 함께 입면의 크기를 형성하는 요소가 된다.

기둥의 배치는 가구 구조법에 따라 결정되지만, 목재가 지니는 재료의 특성상 크고 넓은 간격으로 배치하는 데는 한계가 있다. 따라서 간살이가 넓은 칸의 경우는 기둥과 보의 두께가 두꺼워지고 중간에 퇴칸을 두어 기둥을 배치하였다.

㉠ **입면 형태에 따른 분류** 무흘림 기둥은 기둥머리에서 기둥뿌리까지 곧은 기둥을 말한다. 민흘림 기둥은 기둥머리의 지름이 가장 작고 기둥뿌리 쪽으로 갈수록 넓어지는 기둥으로 역학적으로나 시각적으로 안정감을 준다. 배흘림 기둥은 기둥을 상·중·하 세 부분으로 구분하여 지름의 크기가 기둥머리가 가장 작고, 기둥몸이 가장 크고, 기둥뿌리 부분은 기둥몸보다는 적은 것이다. 이의 목적은 기둥의 가운데가 들어가 보이는 착시현상(錯視現象)을 교정하기 위해 역으로 배를 부르게 하는데 의장적으로 안정감을 주는 기법이다. 이 경우 기둥 높이의 1/3 지점에서 가장 굵다.

(4) 벽체(壁體)

한국건축의 한 특징은 대부분의 건축물이 정면을 벽체 대신 창호로 구성하고, 벽체를 형성하는 부위는 주로 측면과 배면이라는 점이다. 또한 한국 건축의 벽체 양식은 대부분 심벽(心壁) 구조로 되어있기 때문에 그 입면 형태는 거의 동일하다. 즉 기둥과 기둥 사이에 인방을 상·하 또는 상·중·하로 끼우고 여기에 중깃을 수직, 수평으로 설치하고, 중깃에 설외와 눌외를 엮은 후 흙을 바르고 석회로 마감하기 때문에 매끈한 벽체가 된다.

특히 목조건물은 화재의 위험이 있는 곳에 화재를 방지하기 위하여 벽 바깥면에 돌을 진흙이나 석회로 쌓았다. 이를 방화장(防火墻)이라 부르고 주로 주택의 행랑채 하벽에 이용된다.

(5) **창호(窓戶)**

한국건축의 창호는 '창(窓)'과 '호(戶)'의 합성어로서, 창은 'Window'이고, '호'는 'Door'이다. 즉 채광이나 환기, 조망만을 위해 설치한 것은 창이고, 각채의 실내, 실외공간에 사람이나 물건이 드나들기 위한 것은 호인 것이다.

창호는 크기와 모양을 비롯하여 개폐방식이 비슷하고, 기능적으로 완전히 분류되어 있지 않고 그 한계가 모호할 때가 많다.

㉠ 호(戶)로만 사용되는 것 사람이나 물건이 드나드는 문을 지칭하는 것으로 환기나 채광을 위한 창의 역할을 하지 않는다.

- 판장문(板長門) : 몇 장의 널판에 띠를 대어 한 장처럼 붙여 만든 것으로 부엌 출입문과 광문으로 사용된다.

• **맹장지** : 문 울거미에 두꺼운 종이로 안팎을 싸서 바른 문으로 방과 마루 사이의 중문으로 사용한다.
• **불발기** : 맹장지와 같은 문의 중앙부에 직사각형, 팔각형 등의 살대를 만들고 이 속에 교살, 정자살, 완자살 모양을 짜 넣은 문이다. 중·상류 주택의 대청과 방 사이에 쓰이고 궁궐이나 서원 등의 대청과 방 사이에서 주로 볼 수 있다.

㉡ **창(窓)으로만 사용되는 것** 이 경우는 환기와 채광, 조망을 위한 창을 벽의 상단에 설치하는 것이다.

- **살창** : 부엌이나 광의 벽에 울거미를 짠 후 여러 개의 살을 일정한 간격으로 꽂아 만든 것이다.
- **교창** : 일반주택의 벽체 상부인 중인방 상인방 사이, 또는 하인방 중인방 상인방 사이, 정면 측면 배면 상부에 가로로 설치한다.
  이 형태는 대개 장방형의 울거미를 짜고 여기에 교살, 빗살, 용자살, 아자살, 완자살, 정자살, 귀자살 등의 문양으로 살을 짜 넣는다.

• **용자창**(用字窓) : 살의 짜임새를 한자의 '用' 자와 같다고 해서 지어진 이름으로 방과 방 사이의 미닫이나 사랑채의 남성적 공간에서 주로 사용되었다.

• **아자창**(亞字窓) : 이 역시 한자의 '亞'자와 닮아서 지어진 이름으로 아기자기한 살 짜임새를 이루며 안채, 궁전의 내전 등 특히 여성적인 공간에 많이 사용된다.

• **완자창**(卍字窓) : 아자창과 같은 공간에 사용되었고 이름 또한 한자의 '卍' 자에서 온 것이다.

• **정자창**(井字窓) : 살 짜임새가 바둑판이나 '井'자 모양으로 된 것이며 왕

궁, 사찰의 정면 창호에서 많이 사용된다.

- **귀자창**(貴字窓) : 거북의 잔등 무늬처럼 살을 짠 것으로 주택에서 사용된다.
- **꽃살창** : 창살에 꽃을 새김한 것으로 궁궐, 사찰의 정면 창호에 쓰인다.

제 2 부

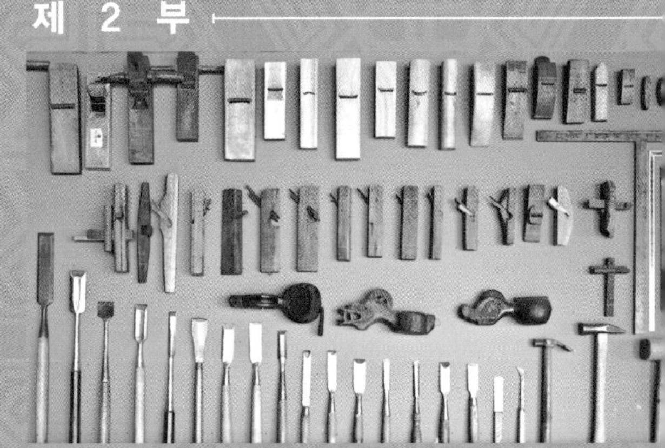

2 목재와 목공구

우리나라의 전통가옥은 목재를 주요 구조부재로 사용해 왔다. 목재의 장점으로는 아름다운 외관과 부드러운 질감을 꼽을 수 있다. 또한 구조재로서 단열성, 차음성, 흡음성, 내구성이 타 재료보다 높고 비중에 비해 높은 강도를 발휘하며 무엇보다도 가공이 쉽다는 장점을 가지고 있다.

목재의 단점으로는 흡수성이 높아 잘 썩는다는 것과 부위별 강도가 균일하지 못하다는 점, 목재 내의 함수율 변화에 따라 수축, 팽창과 뒤틀림, 갈라짐이 발생한다는 것이다.

가. 목재의 특징

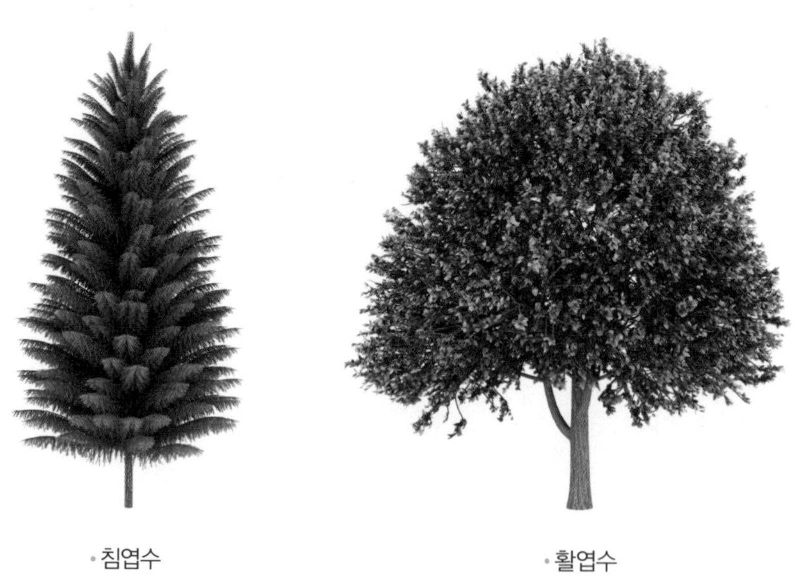

• 침엽수 • 활엽수

(1) 침엽수

구조재로 주로 사용되는 침엽수는 활엽수에 비해 건조가 빠르고 부패의 속도가 느리다는 장점을 가지고 있으며 나무가 곧게 자라서 직통대재가 많아 취재율이 높다.

또한, 나무의 목질부가 춘재와 추재의 구분이 뚜렷하여 결이 곧고 단단하다. 수종으로는 소나무, 전나무, 낙엽송, 편백나무, 은행나무, 가문비나무 등이 있고 일본에서 많이 사용하는 향이 강한 삼나무가 있다.

(2) 활엽수

주로 가구재나 마감재, 치장재로 사용하며 침엽수 보다 비중이 높아 강도는 우수하나 상하 부위별 강도의 차이가 크고 나무가 가로방향으로 휘면서 자라는 것이 많아 직통대재를 얻기 힘들다는 단점이 있다.

수종으로는 참나무, 느티나무, 오동나무, 밤나무, 대추나무 등 다양한 수종이 있다. 집을 짓는 목재는 너무 단단하거나 너무 약한 것은 피해야 한다. 단단한 목재는 갈라짐이 심하고 치목도 힘들다. 또 너무 약한 목재는 치목은 쉬우나 구조적으로 안전하지 못하기 때문이다.

내장수	외장수	
	침엽수	활엽수
대나무, 야자수나무 (속이 비거나 나이테가 없는 구조이다)	겉씨식물	속씨식물
	잎이 뾰족하다	잎이 넓다
	세포가 크다(4~5㎜)	세포가 작다(0.5~2.5㎜)
	잎이 나란이 맥	잎이 그물 맥

(3) 국산목

고건축은 주위의 환경에서 쉽게 구할 수 있는 재료를 이용했다. 산간지역은 귀틀집이나 굴피집, 평야지역은 초가집이나 기와집, 제주도는 돌담을 쌓고 갈대나 이엉을 엮어 집을 지었다. 특히 한옥용 목재는 우리의 소나무를 즐겨 사용해왔다. 소나무는 탄력이 풍부하고 내습성이 강하며 가공이 쉬워서 구조재뿐만 아니라 가구재, 치장재로도 많이 사용된다.

소나무에는 육송과 해송, 홍송(전나무)과 적송 등이 있고 중국이 자생지인 백송이 있는데 건축용 구조재로는 목질부가 회색을 띠는 해송보다는 홍색을 띠는 육송을 많이 사용한다.

육송 중에 '춘양목'으로 알려진 적송(홍송)을 최고급으로 친다. 춘양목인 적송은 주로 태백산맥 동쪽 해발 500~800m의 높은 지역에서 자란다. 태백산맥 줄기를 따라 금강산, 양양, 명주, 울진, 봉화에 이르는 영동지방에서 척박한 환경의 영향을 받고 자란 소나무로 목질부가 붉은색을 띠어 적송(홍송)이란 이름이 붙여졌다.

영동지방 소나무가 내륙 소나무 보다 열악한 환경에서 자라 나이테의 간격이 좁고 치밀하며 변형이 적어 목재의 뒤틀림이나 갈라짐이 훨씬 덜하며 껍질이 얇고 결이 곧다. 춘양목 중에서도 붉은색이 짙고 넓으며 나이테의 간격이 조밀한 150년 이상 된 소나무를 금강송이라 칭한다.

(4) 수입목

수입목 중에 가장 많이 사용되는 더글러스-퍼(Douglas-fir)는 북아메리카에서 수입되고 다섯 등급으로 분류한다. 최상급인 A등급은 자국인 미국과 캐나다에서만 쓸 수 있을 뿐, 다른 나라의 수출은 금지하고 있다. 우리나라에는 건축 구조상 주로 D등급의 것이 수입되어 쓰이고 있다.

더글러스는 일반적으로 육송보다 강도가 높고 긴 대장재를 얻기 쉽다. 하지만 강도가 높으면 가공성이 떨어지므로 한옥과 같이 조각 등의 손작업이 많은 경우에는 불리한 점이 있다. 강도가 강하고 외관이 수려해서 크고 긴 부재인 대들보나 추녀 등으로 많이 사용되고 있다.

나. 목재의 구성

나무는 뿌리, 줄기, 가지, 잎으로 이루어져 있다. 그중 줄기는 수피, 목질부로 구성되며 목질부가 재목으로 사용된다.

(1) 목재의 조직

나무의 줄기 부분은 수피, 목질부, 수심으로 이루어져 있다.

㉠ 수피

내수피와 외수피로 이루어져 있다.

- 외수피 : 죽어있는 세포
- 내수피 : 살아있는 세포

㉡ 목질부

- 심재 : 고사되어 있는 세포로 목질이 강도가 높아 내구성이 크고 짙은 홍색을 띠고 있다. 나무의 질이 단단하고 수분이 석어 수축 번형이나 뒤틀림, 갈라짐이 적다.
- 변재 : 살아있는 세포로 물과 영양분을 줄기와 잎으로 보내는 통로이다. 탄력성이 있어 강풍에도 나무가 부러지지 않게 하는 역할을 한다. 수액이 많아 수축 변형, 뒤틀림, 갈라짐이 심하고 약하다.
- 수심 : 목재의 중심

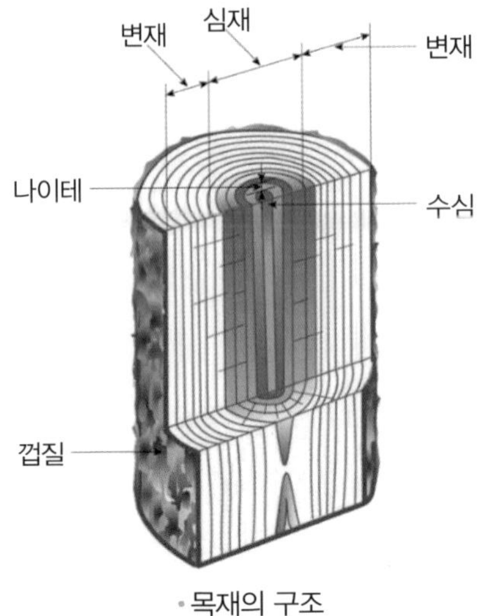

• 목재의 구조

㉢ 나이테

나무의 목질부에 원을 그리며 형성된 띠로 춘재와 추재로 나뉜다. 봄, 여름, 가을, 겨울 계절을 지나면서 1년에 하나의 띠가 춘재와 추재로 형성되는 것이다. 구조재로 사용하는 경우에는 방향에 따른 강도의 차이가 있으므로 나뭇결 방향을 고려하여 사용해야 최고의 강도를 얻을 수 있다.

- 춘재(조재) : 광합성 활동이 활발한 봄과 여름에 자란 부분이다. 생장 속도가 빨라서 약하고 색깔이 연하다.

• 추재(만재) : 광합성 활동이 멈춘 가을과 겨울에 자란 부분으로 생장 속도가 느려 단단하고 색깔이 진하다.

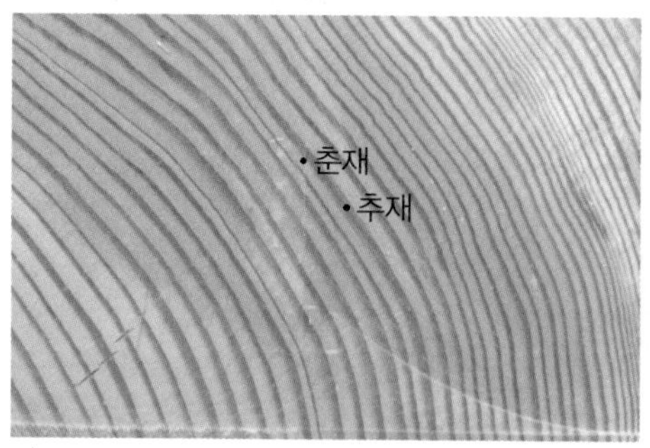

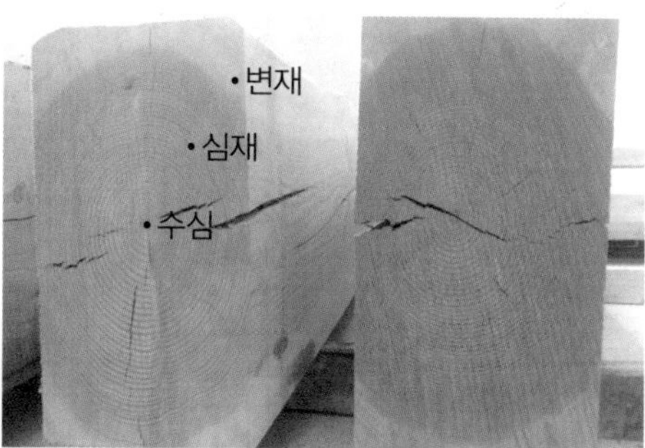

(2) 목재의 흠

㉠ **옹이** 나무는 몸통에서 가지가 뻗어 나가는데 그 부위에 생기는 것이 옹이이다. 옹이 부위는 강도가 약하고 고르지 못하며 엇결이 걸려 대패질도 힘들다. 옹이 단면에 형성된 나이테는 목재의 원구와 말구를 구분할 때 유용하게 쓰인다.

㉡ **썩정이** 당산나무와 같이 수령이 오래된 나무는 가지가 죽는데 그 속으로 빗물이 들어가 몸통까지 썩는 것을 말한다.

㉢ **껍질박이** 벼락이나 강풍으로 상처를 입어 아무는 과정에서 껍질이 나무 내부로 들어가 박혀 생장한 것이다.

㉣ **갈램** 나무의 함수율 변화에 따라 목재가 수축하면서 갈라지는 것으로 접선방향의 수축률이 높아서 많이 발생한다.

㉤ **혹** 나무가 자라면서 섬유 일부가 부자연스럽게 발달한 부분이다.

•썩정이 •껍질박이 •갈램 •혹

(3) 목재의 함수량

목재의 강도는 수분 함량에 반비례한다. 목재는 많은 양의 수분을 함유하고 있어 건조에 따른 수축변화가 심한 편이다. 그래서 벌목 후 그대로 사용하면 뒤틀리거나 갈라지기 쉬워 재목으로 사용하기 전에 충분한 건조가 필요하다.

또한 목재의 강도는 비중에 비례하며 비중은 목재의 수종에 따라 다르지만 보통 활엽수가 비중이 크다.

건조에 의한 목재의 수축은 길이 방향보다는 나이테 방향이 수축률이 높고, 심재 보다는 변재가 함수량이 많아 수축이 심하다.

• 수축 비율 – (섬유방향 1 : 방사방향 5 : 접선방향 10)

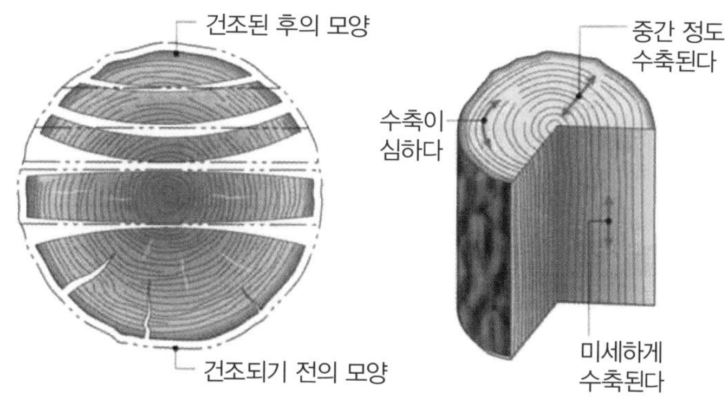

목재는 목재 내에 함유하고 있는 함수량에 따라 다음과 같이 분류된다.

㉠ **포수상태** 목재 표면과 목재 내에 수분이 포화된 상태로 정상적인 벌목에서 볼 수 없다.

㉡ **생재상태** 목재 내에만 수분이 있는 상태로 벌목 당시의 30% 이상 함수량을 가지고 있다.

㉢ **섬유포화상태** 목재 내의 목질부에 자유수가 증발하고 세포벽에 결합수만 존재하는 상태로 함수율 28% 정도의 상태이다.

㉣ **기건상태** 목재 내의 세포벽에 결합수가 증발하여 대기 중의 습도와 같게 되어 함수율 18% 정도로 유지된 상태이다.

㉤ **전건상태** 목재 내의 함수율이 0%인 상태로 대기 중에는 볼 수가 없고 인공건조 중 압력 탱크 속의 목재에서 볼 수 있다.

다. 벌목과 제재

(1) 벌목

여름이 지나 가을이 시작하는 11월부터 3월까지가 벌목시기에 최상의 기간이다. 왜냐하면, 낙엽이 떨어지고 광합성이 멈추면 목질부에 영양분과 수액이 적어지기 때문이다. 이 시기에 벌목을 하면 수액이 적어 건조가 빠르고 그만큼 목재의 변형도 적다. 또한 건조한 계절이라 목재의 변질이나 청이날 염려도 적다.

반면 여름에 벌목을 하면 목질 내에 수분이 많아 건조에 어려움이 있고 그만큼 목재의 변형이 심하게 일어난다. 덥고 습한 여름철이라 목재에 청이 날 염려가 크고 해충의 피해도 우려된다.

부득이 여름에 벌목하게 되었을 때는 몸통만 벌목 후 가지와 잎을 치지 않고 그대로 두면 남아있는 잎의 광합성 작용으로 목질부의 영양분과 수액을 소비해 함수율을 낮출 수 있다.

(2) 제재

제재란 벌목한 나무를 제재소에서 필요한 치수에 맞게 켜고 자르는 것을 말한다. 이때 필요한 용도에 따라 나무 굽을 잘 살펴 켜는 것이 중요하다.

직선재 일수록 원구와 말구의 수심이 동일한 위치에 있어야 유리하며 나이테도 중심을 유지하는 목재가 최상의 목재로 보인다. 이는 가공 조립 후 목재의 뒤틀림이나 휨을 최소화할 수 있기 때문이다.

라. 건조와 보관

(1) 건조

목재를 잘 건조해서 사용하는 것이 목재의 수축, 뒤틀림, 변색, 썩음, 갈라짐 등을 막고 한옥의 내구성과 내후성을 연장하는 가장 근본적인 방법이다.

㉠ 자연 건조 벌목한 목재의 껍질을 벗기는 탈피작업을 하고 방충, 방부에 신경을 써야 한다. 탈피작업이 끝난 목재는 배수가 잘되게 하고 처마, 차양시설로 빗물과 직사광선을 피하도록 한다.

적재 시 모탕을 고여 지면의 수분과 격리 시키고 위에 있는 목재끼리도 바람이 잘 통하도록 굄목을 고여야 한다. 한옥의 목재는 1년 이상 자연건조를 시켜야만 구조재로써 우수한 재목이 된다. 이때 원목이 아닌 제재목을 건조할 경우 필요한 치수대로 제재하지 않고 건조 과정에서 수축과 변형을 고려하여 두께와 길이를 여우 있게 제재하여야 한다.

ⓛ **인공 건조** 경목구조나 마감재, 가구재로 사용되는 목재는 치수가 작아 변형이 심하므로 인공 건조를 하는 것이 바람직하다. 목재를 압력 탱크에 넣고 열이나 고압 증기로 건조시키는 방법으로 짧은 시간에 많은 양의 목재를 건조시킬 수 있다. 고온건조법, 고주파 가열 등의 방법이 있다. 중목구조 목재는 자연 건조하여 사용하는 것이 유리하다.

ⓒ **건조 상태의 유지** 목재의 함수율을 18% 이하로 건조한 기건재는 한옥을 짓는데 좋은 목재라 할 수 있다. 기건재는 대기의 습도와 비슷하여 목재의 변형이 그만큼 작다. 물론 습한 여름철에는 함수율이 높아지고 건조한 겨울철에는 함수율이 낮아지지만, 이것은 내부의 습도를 조절하는 조습 작용으로 목재의 장점으로 꼽을 수 있다.

(2) 관리·보관

목재는 습기와 직사광선을 피하고 통풍이 잘되게 보관하여야 한다. 그리고 사이사이에 1치각 두께(목재의 크기에 따라 가감)의 굄목을 사용한다. 사이가 너무 좁으면 통풍이 되지 않아 썩거나 곰팡이가 피기 쉽고, 너무 넓으면 변형이 일어나기 쉽다. 비나 눈, 이슬을 막고 바닥에 비닐을 까는 것도 좋은 방법이며 주변에 소화 장비를 설치한다.

목재를 급격하게 건조하면 갈라짐이 심하다. 이를 방지하기 위해 초벌 가공한 부재의 양쪽 마구리 면에 진흙을 바르거나 도장을 하여 건조 시키면 수분이 천천히 빠져나가므로 갈라짐을 최소화할 수 있다.

한옥을 지을 때 장부의 치목이 끝난 부재는 다른 부재와의 조립 부분 (암장부,

숫장부)은 특히 약하므로 주의해야 한다. 치목한 부재는 오래 두지 않고 조립을 이른 시일 내에 하는 것이 중요하다. 목재가 뒤틀리거나 갈라짐이 발생하여 조립이 힘들어질 수 있기 때문이다.

(3) 변형

목재의 변형은 널판재 이거나 부재가 길고 단면이 작을수록 크다. 특히 나무는 나이테의 중심이 부재의 중심과 일치하지 않는 경우가 많으므로 그만큼 크다. 목재의 변형을 예방하기 위해서는 우선 함수율을 낮추는 일이다. 즉 건조를 충분히 해야 하는 것이다. 현재 자연건조를 하는 것이 일반적이다. 그러나 현실적으로 충분한 건조기간을 갖기 힘들어서 거의 생재에 다름없는 상태로 치목하고 조립하여 짓는 실정이다.

(4) 곰팡이

목수는 목재에 곰팡이가 피는 것을 '청난다' 또는 '탕난다'라고 표현한다. 곰팡이가 피면 표면이 푸른색으로 변하고 속까지 스며들어 일단 나면 잘 지워지지 않는다. 구조적으로 크게 문제가 되지 않지만, 미관상 문제가 된다. 청나는 것은 목재에 함유된 수분량(함수율), 기온과 관계가 있다. 함수율이 높을수록 기온이 올라갈수록 청나기가 쉽다. 청나는 것을 방지하려면 일단 함수율을 낮추어야 하고 기온이 높고 비가 많은 우기철에 치목하는 것을 피해야 한다.

일단 청이 나면 지울 수는 없지만 락스를 섞은 물로 닦아내거나 목재용 오일 스테인을 바르면 크게 번지는 것을 막을 수 있다.

마. 목재의 단위(척관법)

(1) **길이의 단위 :** 현재 사용하는 척(尺-자 척)

- 1사(尺: 사 척) : 303mm
- 1치(寸: 마디 촌) : 30.3mm
- 1푼(分: 나눌 분) : 3.03mm
- 1리(里: 마을 리) : 0.3mm

(2) **넓이의 단위 :** 평(坪: 평평할 평), 제곱미터(㎡)

- 1평 = 6자 × 6자 = 36자^2 (3.3058㎡)

(3) **부피의 단위 :** 재(才: 기본 재), 세제곱미터(㎥)

- 1재(사이) = 1치 × 1치 × 12자
- 1㎥ = 299.5648재 (약 300재)

(4) **각목 1재 = 가로 × 세로 × 길이 ÷ 12**

(5) **원목 1재 = 지름 × 지름 × 길이 ÷ 12 (작은 지름 기준)**

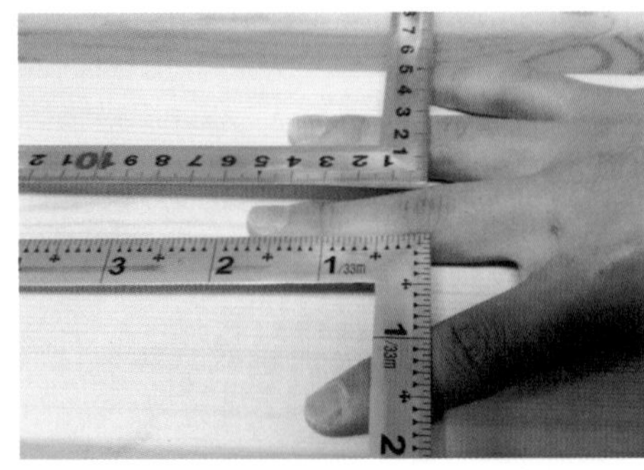

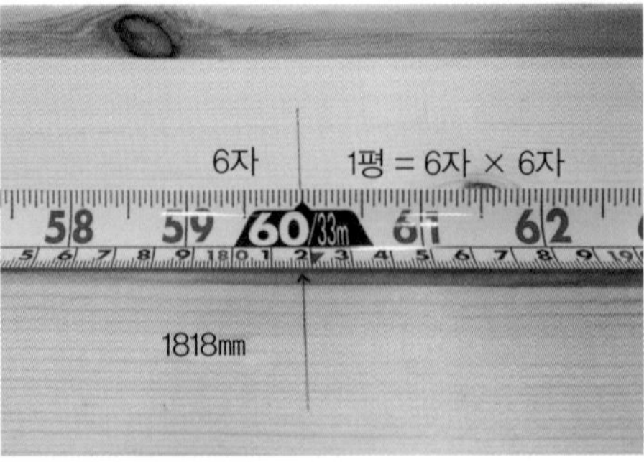

(6) 목재의 사용 방법

㉠ **상하를 가려서 사용** 목재는 나무가 땅에서 자란 상태 그대로 상하를 구분하여 사용하는 것이 원칙이다. 땅 쪽은 원구이고 하늘 쪽이 말구이다. 상하뿐만 아니라 나무가 서 있던 동서남북의 방향도 맞추어 사용하는 것이 내구성 면에서 가장 좋다.

㉡ **등배를 가려서 사용** 보와 도리처럼 수평으로 조립되는 부재는 굽을 위로 향하게 아치 형태로 사용해야 목재를 역학적으로 유리하게 사용할 수 있다. 또한 목재의 굽이 없어도 수심 쪽을 아래에 배치하는 등배구분이 필요하다.

㉢ **원구를 빗물에 노출되는 곳으로 향하게 사용** 목재는 말구 보다 원구 쪽이 심재가 넓고 내구성과 내수성이 강하여 서까래(장연)나 추녀는 뿌리 쪽인 원구를 바깥에 배치하는 것이 유리하다.

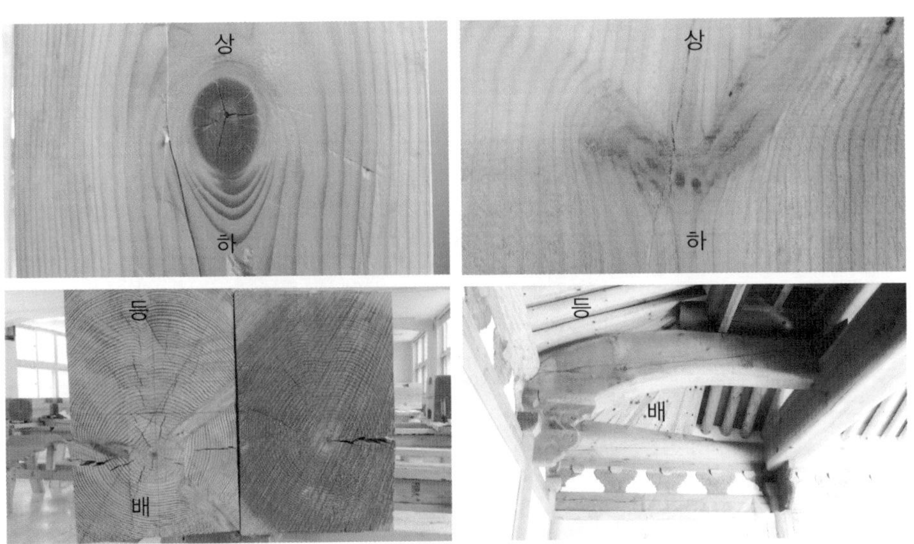

바. 목공구

선조 목수들은 길이를 잴 때 척(尺)을 사용했었다. 이후 척관법(尺貫法)과 미터법을 함께 사용하다가 현재는 미터법을 표준 법정단위로 사용하고 있어 모든 측정공구나 건축 도면을 미터법(㎜)으로 사용하고 있다. 하지만 한옥을 짓기 위해서는 척관법의 이해가 반드시 필요하다.

(1) 측정공구

㉠ 곡자 'ㄱ' 자로 된 자를 말하며 한쪽 면은 척관법인 자, 치, 푼, 리로 다른 한쪽 면은 미터법인 ㎜가 표기 되어있다.
곡자를 사용하는 방법은 한쪽 손으로 곡자의 중앙을 살짝 휘게 잡고 한쪽 손으로 먹칼을 수직으로 잡아 직각 되게 선을 그으면 된다.

㉡ 줄자 한옥을 지을 때 곡자와 함께 가장 많이 사용하는 측정공구이다. 얇은 철로 감겨있어 길이를 자유롭게 잴 수 있는 장점이 있다. 옛날에는 이런

줄자를 생산하지 못해 긴 나무나 가죽에 단위를 표시하고 사용하여 고택의 기둥 길이나 부재의 크기, 각각의 간살이가 차이 나는 것을 볼 수 있다.

ⓒ **장척** 현장에서 목수들이 만들어 사용하는 것으로 연속된 주초석 자리나 도리에 서까래 자리를 연속적으로 표기할 때 사용하면 편리하다. 휘지 않고 반듯한 긴 각재에 간살이나 동일한 부재의 길이를 표시하여 먹선을 그릴 때 편리하다.

ⓓ **직각자** 대패질된 부재에 장부의 직각을 재단하거나 직각을 검사할 때 사용한다. 물론 한옥 부재의 재단은 직각자보다 곡자를 더 많이 사용한다.

ⓔ **수평자** 수평자는 유리관에 기포가 들어있어 중앙을 맞추어 사용하면 된다. 대패질할 부재의 심먹을 놓거나 조립하는 과정에서 기둥의 수직을 확인할 때 수평자를 사용한다. 수평부재의 조립도 확인 할 수 있으나 길이가 긴 부재는 그 한계가 있다. 그래서 기둥의 높이나 추녀의 높이를 측정할 때는 긴 호스에 물을 기포 없이 넣어 사용하는 물 수평이 유리하다.

ⓕ **정추** 수직을 가늠하는 추를 줄에 매달아 내려 기둥이나 부재의 수직 상태

를 확인할 때 사용한다. 한옥에서는 기둥을 주초석에 놓을 때 수평자보다 정추를 많이 이용한다.

(2) 매김 공구

㉠ **그레자** 그렝이 칼이라 하며 컴퍼스와 같은 모양으로 제작해 사용한다. 주초석에 기둥을 세워 그렝이질 할 때 유용하게 쓰인다. 그렝이질하는 이유는 부재의 4면이 모두 초석면에 닫게 하기 위함이다. 또한 왕찌부분에 추녀 놓을 자리를 그렝이질 할 때 만들어 사용하면 편리하다.

㉡ **그므개** 부재에 동일한 긴 치수선을 그릴 때 사용하면 편리하다. 한옥의 대목보다는 소목에서 창틀, 문틀이나 창살, 문살을 만들 때 유용하게 쓰인다.

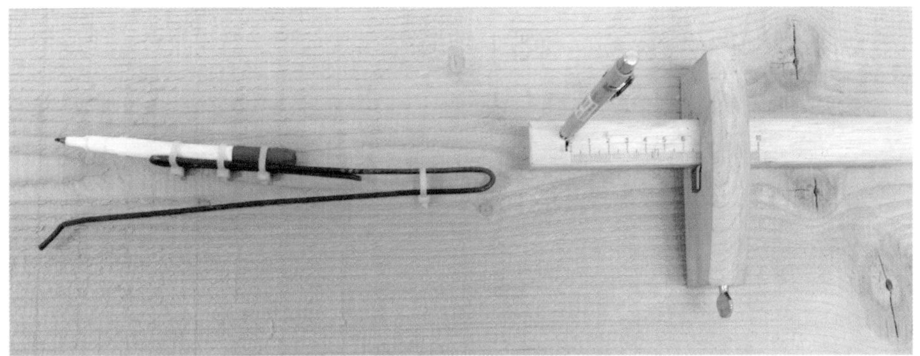

•그레자 •그므개

㉢ **먹통·먹칼** 먹통에 먹물을 넣고 실을 잡아당겨 선을 치는 작업을 하는 공구이다. 먹줄은 대패질할 부재에 긴 먹선을 칠 때 사용하거나 대패질이 끝난 부재에 중심선을 칠 때 사용한다. 또한 기초 위에 주초석 자리를 표기할 때도 쓰인다.

먹칼은 목수가 마른 대나무로 만들어 펜처럼 사용하는데 요즘은 연필이나 샤프가 편하여 잘 사용하지는 않는다.

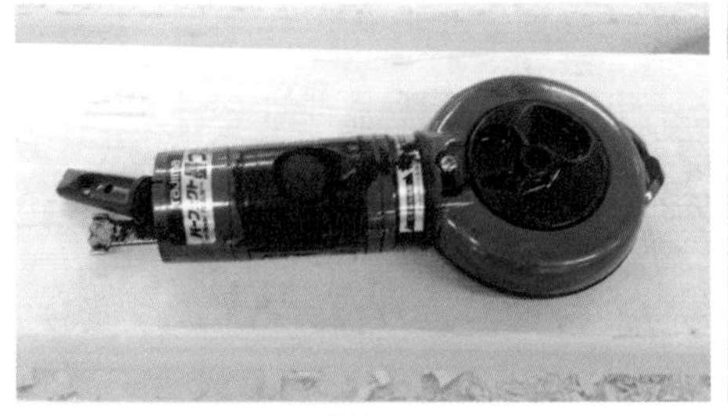
•먹통

•먹칼

(3) 수공구

㉠ 도끼 옛날에는 벌목할 때나 장작 팰 때 도끼를 사용했다. 나무자루에 넓은 강철을 달아 대장간에서 주로 제작하여 사용한다.

㉡ 자귀 벌목한 나무의 피죽을 벗기고 다듬는 데 쓰는 공구이다. 원목의 큰 가지나 옹이는 손잡이가 긴 큰자귀를 이용하고 작은 가지나 옹이는 손자귀를 이용하여 자귀질을 한다. 요즘 한옥 현장에서는 체인톱을 많이 사용하여 자귀를 볼 수 없다.

㉢ 톱 나무를 치수에 맞게 자르거나 켜는 데 사용하는 것으로 목재를 섬유 방향의 직각으로 자를 때는 자르는 톱으로 톱질하고 섬유 방향과 일치하게 켤 때는 켜는 톱을 사용하여 톱질을 한다.

- **양날톱** : 톱날이 양쪽으로 한쪽에는 자르는 날이 있고 한쪽에는 켜는 날이 있다. 편리하고 섬세하게 작업할 수 있어 한옥 대목수들이 즐겨 사용하는 톱이다.
- **외날톱** : 톱의 한쪽에만 자르는 톱날이 있다. 톱날이 큰 것과 작은 것을 적절히 사용하면 톱질이 편리하다.
- **등대기톱** : 부재의 장부를 치목할 때는 1차적으로 톱을 넣는 데 이때 사용한다. 톱 등쪽에 철물이 대어있어 등대기톱이라 부른다.
- **쥐꼬리 톱** : 톱날이 쥐꼬리를 닮아 자루 쪽은 넓고 끝은 가는 톱을 말한다.

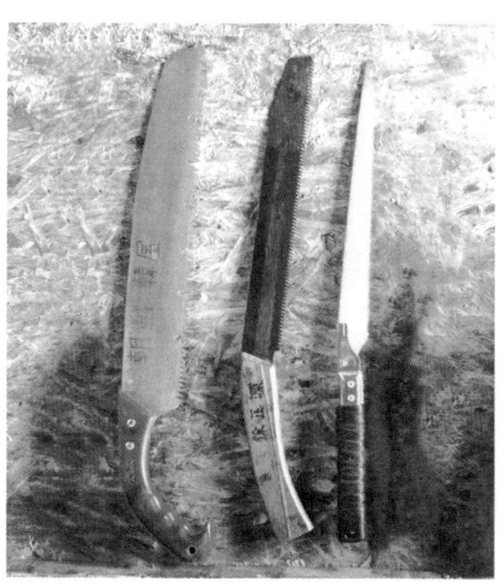

㉣ 대패 목재를 치수에 맞도록 평탄하게 깎을 때 사용하는 대표적인 치목 공구이다. 우리 선조 목수들이 사용한 전통대패는 뒤로 밀어 깎는 방식이었으나 근래에는 앞으로 당기는 일본식 대패를 주로 사용하고 있다.

• **평대패** : 대패 몸통에 어미날과 덧날을 고정하여 사용하며 앞쪽에서 가슴 쪽으로 잡아당겨 대패질한다. 대패질은 힘이 아닌 순간 속도로 잡아당기기 때문에 엇결 및 옹이를 깎는데 용이하다. 또한 대패를 약간 대각으로 틀어 대팻날이 목재의 사선으로 되도록 당겨야 대패질이 잘 된다.

• 평대패

• 둥근대패 • 배대패

• **둥근대패** : 대팻집 밑면이 길이 방향으로 볼록하게 되어있어 목재 면을 오목하게 깎는 대패이다. 주로 납도리보다 굴도리를 받치는 장여의 상면을 둥글게 깎을 때 유용하게 쓰인다.

• **오목대패** : 둥근대패와 반대로 대팻집 밑면이 길이 방향으로 오목하게 파여 있어 목재를 둥글게 깎을 때 사용하는 대패이다.

• **배대패** : 대팻집이 작고 밑면 부분이 배 모양으로 되어 있어 익공이나 살미의 빼목 곡면을 깎는 데 사용한다.

• **마무리대패** : 장부의 치목이 끝나면 부재에 재단선이나 작업자의 손때가 묻어 있어 지저분하다. 이때 목재 면을 깨끗하고 부드럽게 마무리하는 대패이다.

(4) 대패 구조

대패의 구조는 몸통인 대팻집과 날집에 끼는 어미날과 덧날로 구분된다.

㉠ 대팻집 대팻날을 끼우는 몸통 부위로 갈라짐이나 뒤틀림 없는 참나무 같은 강한 목재를 사용하여 만든다. 보통 완제품을 구입하여 콩기름을 먹인 후 사용하면 내후성을 늘리고 대패 작업할 때 부재와 마찰을 줄여 대패질을 원활하게 할 수 있다.

㉡ 어미날 대패에 끼우는 날 중 큰 날을 말하며 실제로 목재를 깎아내는 강철이다. 대장간에서 담근질이 잘된 날이어야 하고 목수가 항상 날을 잘 갈아놔야 대패질이 잘 된다.

㉢ 덧날 덧날은 엇결의 목재면을 가공할 때 반대인 목재결을 부드럽게 대패질이 되도록 도와주며 어미날을 대팻집에 고정하는 역할을 한다. 대패 작업이 끝나면 대팻집의 링이 헐거워지지 않고 날을 보호하기 위해 대팻날을 뒤

로 빼놓아야 한다.

•덧날 •어미날 •대팻집

(5) **대패 손질법**

㉠ **대팻날 빼기** 왼손으로 대팻집을 꽉 잡고 엄지는 덧날을 밀어준다. 오른손으로 망치를 잡고 대팻집 앞 모서리를 번갈아 가며 두들기면 대팻날을 밖으로 뺄 수 있다. 이때 대팻집 마구리 면을 망치로 치면 대패가 쪼개질 염려가 있어 조심해야 한다.

㉡ **대팻날 갈기** 대팻날은 1차로 밑면을 평평하게 잘 갈아놔야 한다. 그리고 2차로 경사면을 갈아 날을 세우면 되는데 이것 또한 반복적인 경험이 필요하다. 처음에는 800방 정도의 거친 숫돌로 갈고 다음에는 6,000방 정도의 고운 숫돌로 마무리하면 된다. 경사면을 세로로 갈아야 날이 잘 서고 날 끝

이 약간 둥글게 모가 접혀야 대패질이 잘 된다.

또한 어미날과 덧날은 서로 맞대어 눌렀을 때 빈틈이 없고 흔들림이 없이 밀착되어야 한다. 덧날의 귀 부분은 약간 구부러져 있는데 구부린 각도가 클수록 대패질이 힘들다.

㉢ **대팻날 맞추기** 대팻집에 어미날과 덧날을 동시에 끼우고 왼손으로는 대패 몸통을 잡고 오른손으로는 망치를 잡아 어미날과 덧날을 번갈아 두들겨 밀어 넣는다. 이때 어미날이 날집을 통과하여 대패 밑면과 1㎜ 정도 전진되도록 하면 된다. 덧날은 어미날 보다 2㎜ 정도 후퇴되게 밀어 넣으면 되는데 어미날을 앞지르면 잘 갈아놓은 날을 망치기 때문에 조심해야 한다. 초보자에게 대팻날 맞추는 일은 매우 힘든 일이다. 대팻날이 대팻집에서 1㎜ 정도 돌출되게 밀어 넣으려면 먼저 대패 밑면을 눈과 수평 지게 쳐다보고 여러 번 반복하여 조정하여야 가능한 일이다.

㉣ **대패질하기** 왼손으로 대팻집의 머리 부분과 어미날을 잡고 오른손으로는 대팻집의 몸통을 잡아 몸쪽으로 잡아당긴다. 대패질은 힘으로 하는 것이 아니라 순간의 속도로 깎아내는 것이다. 대패질할 때 왼발은 부재와 일직선으로

오른발은 대각으로 서면 된다. 대패질이 끝나면 대팻날을 몸통에서 후진시켜 옆으로 세워 보관해야 한다. 이는 어미날을 보호하고 덧날을 지지하는 링이 헐거워지지 않게 보호하기 위함이다.

(6) 끌

재단이 끝난 부재를 톱질하고 남은 숫장부나 암장부를 치목할 때 사용한다. 끌은 나무로 된 끌자루와 강철로 된 끌날로 이루어져 있으며 망치의 충격에도 견딜 수 있게 자루에 링이 끼워져 있다.

또한 끌은 평평한 면과 경사진 면이 있는데 부재의 면을 다듬을 때는 평평한 쪽으로 부재를 파낼 때는 경사진 쪽으로 사용해야 깨끗한 면을 얻을 수 있다.

㉠ 끌의 종류 끌은 밀끌과 평끌, 조각을 하는 조각도로 나뉜다. 그중 평끌을 가장 많이 사용하는데 평끌 중에서도 일반 평끌과 곡률이 있는 환끌로 나누어진다. 일반 평끌은 끌 넓이에 따라 5푼끌, 1치끌, 2치끌 등으로 불리 우

고, 환끌은 넓이와 곡률에 따라 1치끌 3치마루, 2치끌 6치마루 식으로 명한다. 앞의 숫자는 넓이를 뜻하고 뒤의 숫자는 지름 3치나 6치의 곡률에 맞게 이루어진 끌을 의미한다.

한옥에서는 보통 대장간 끌을 많이 사용하며 조각도는 공장 재작된 끌을 사용하고 있다.

㉡ **끌 손질법** 끌의 뒷면을 먼저 평평하게 갈고 다음 경사면을 숫돌 면에 잘 맞추어 앞뒤로 밀며 간다. 대팻날과 마찬가지로 1차로 거친 숫돌로 갈고 2차로 고운 숫돌로 마무리한다. 이때 끌의 경사면을 신중하게 갈아야 날이 잘 선다. 끌날이 서게 갈아야 끌질이 편하고 치목면도 곱게 나온다.

(7) 전동공구

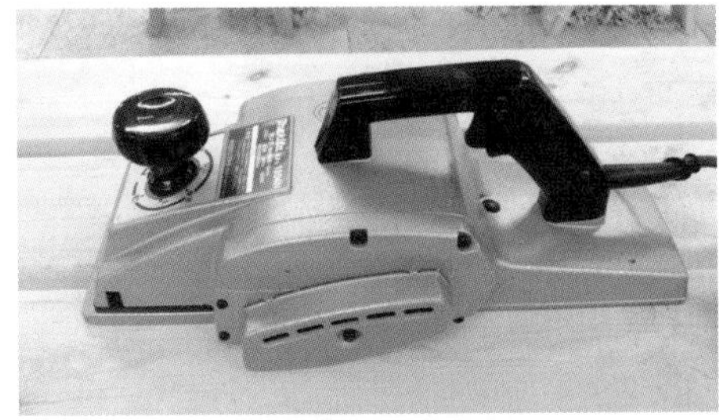

• 전동대패 136㎜

• 전동대패 82㎜

• 곡면대패

• 홈대패

• 각끌기

• 원형톱

• 각도절단기

• 테이블쏘

• 전기 체인톱

• 엔진 체인톱

• 직쏘

• 루터

• 그라인더

• 콤프레샤

• 충전드릴

• 전기드릴

• 임팩트 드릴

• 네일건

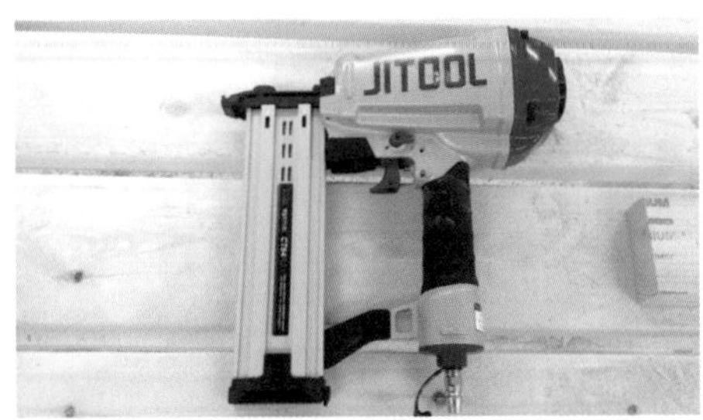

• CT64 핀타카

• 422 핀타카

• F30 핀타카

• 630 핀타카

제 3 부

3 한옥의 구조

가. 가구형식

가구란 건축물의 뼈대이고 구조체의 골조 부분을 말한다. 이처럼 뼈대를 짜 맞춤 방법으로 축조하는 것을 가구형식 또는 가구법이라 말한다. 가구는 몸체부 가구와 지붕부 가구로 크게 나눌 수 있다. 이렇게 건물의 하중을 담당하고 짜 맞추어지는 것을 뜻한다.

가구는 골조 부분으로 기둥 상부의 공포와 지붕틀, 서까래 등이 주를 이루는데 목조건축 중에서 가장 복잡하게 결구되며 구조적으로나 의장적으로 아주 중요시되는 부분이다.

또한 건물 바깥 처마 밑이나 내부에 노출되는 지붕가구에는 의장적으로 고안이 필요하며 건물규모나 공포양식에 따라 시대적으로도 변화가 많았고 가장 아름답게 꾸민 부분이라 할 수 있다.

우리나라 목조건축의 가구는 일반적으로 한옥의 종단면을 기준으로 건물의 층수, 고주의 유무와 위치, 도리의 수 등으로 분류하고 있다. 보통 1고주 5량 또는 2고주 7량 등으로 부르는데 이는 대략적인 건물의 규모와 구조를 알기 위해 사용하는 구분법이다. 이렇게 한옥의 층수와 고주의 수, 도리의 수는 건물의 규모와 직접적인 연관이 있다.

건물의 규모가 커지면 보의 길이가 상대적으로 길어지게 된다. 이때 보의 경간을 줄이고 구조를 더 안정되게 짓기 위하여 고주의 도입은 필수적이게 된다.

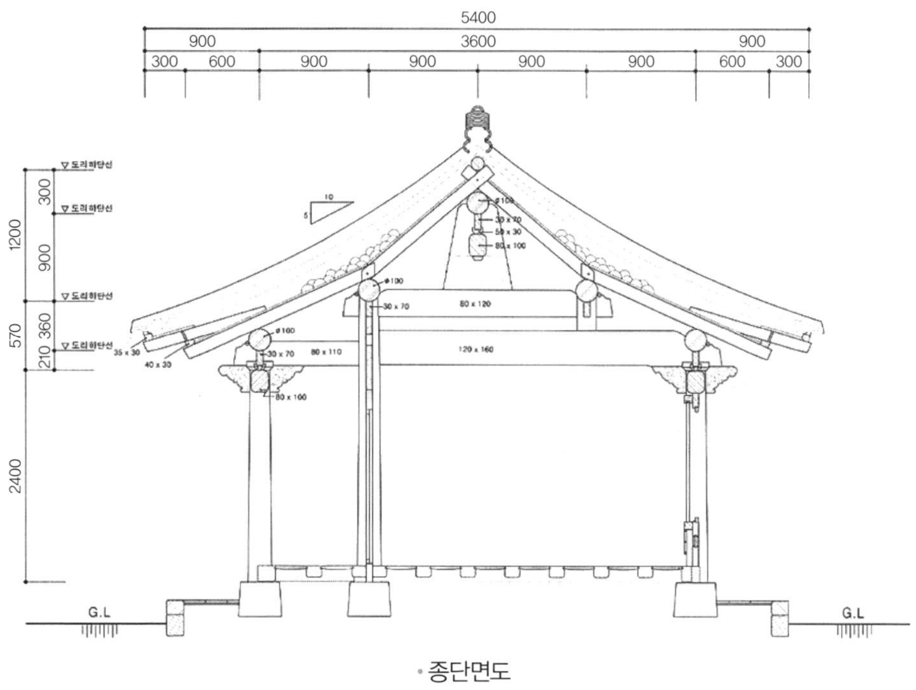

• 종단면도

이 경우 고주가 없으면 무고주, 고주가 한줄 있으면 1고주, 고주가 중심에 위치하면 심주, 양쪽 2줄이면 2고주 등으로 부른다.

서까래를 받는 도리(주심도리, 중도리, 종도리)의 총수에 따라 삼량, 오량, 칠량 지붕틀 등으로 구분된다. 주심도리는 평주와 우주 위에 놓이고 중도리는 동자주 또는 고주가 받게 되며 종도리(마룻도리)는 대공이 받게 된다.

(1) 집의 각 부분 명칭

㉠ 기둥의 명칭 01

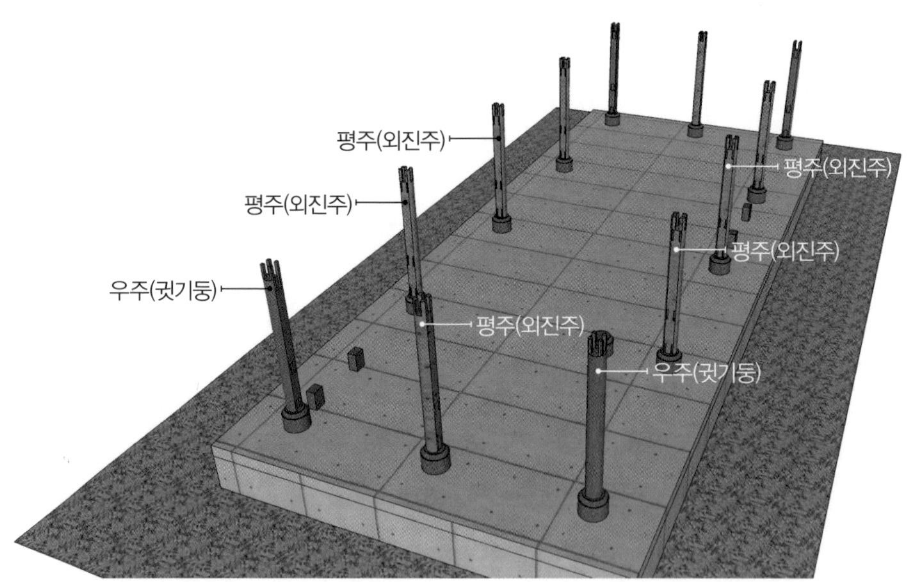

㉡ 기둥의 명칭 02

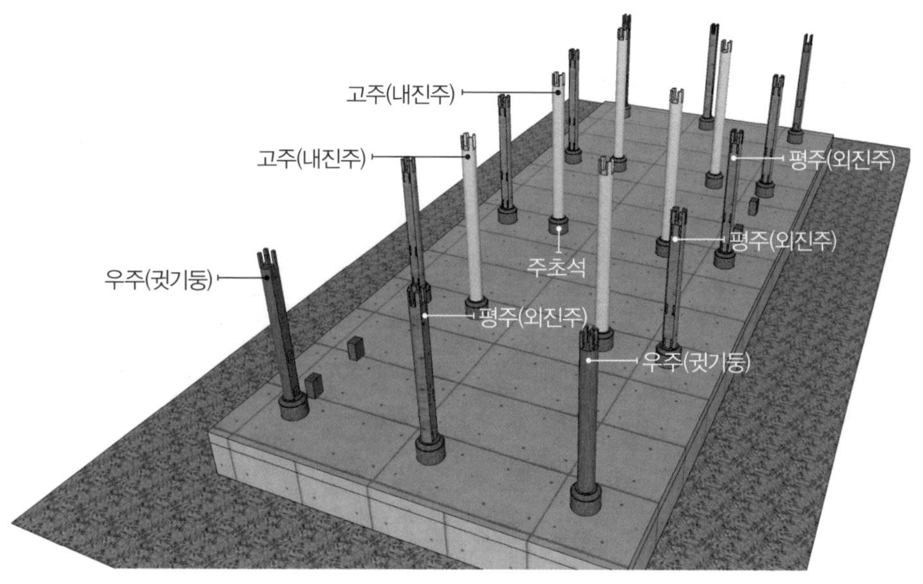

㉢ 인방재 명칭

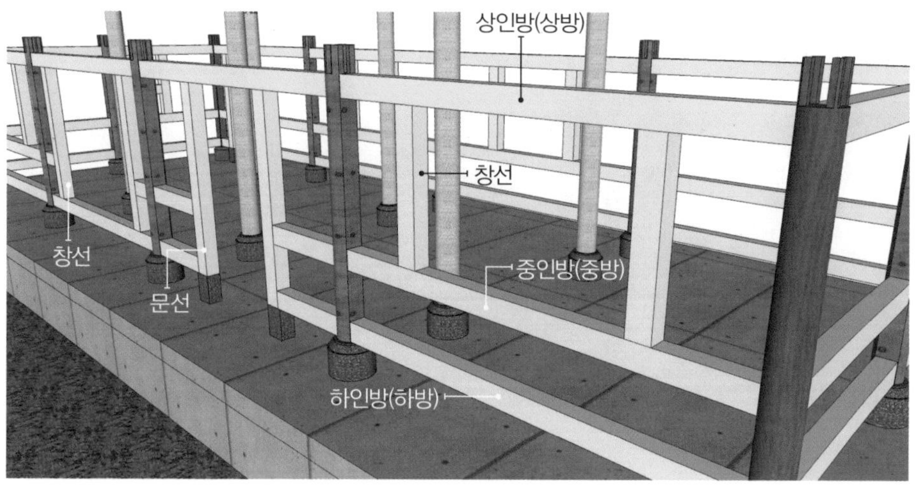

㉣ 몸체부 명칭 01

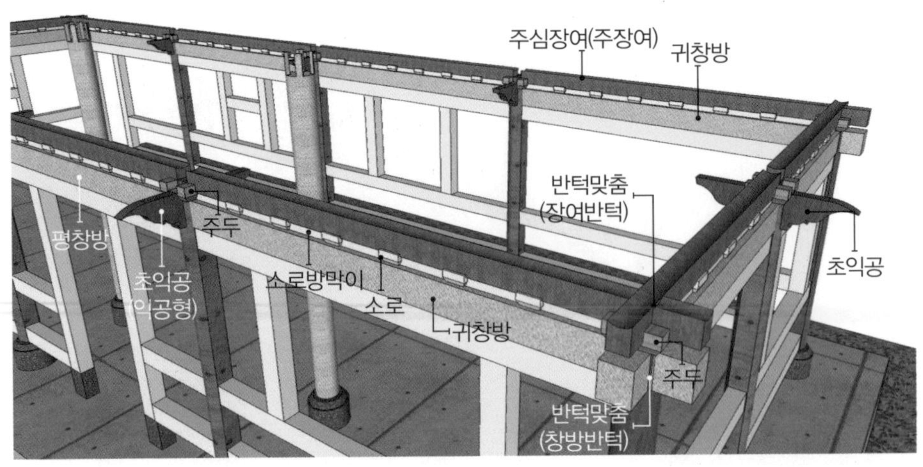

㉤ 몸체부 명칭 02

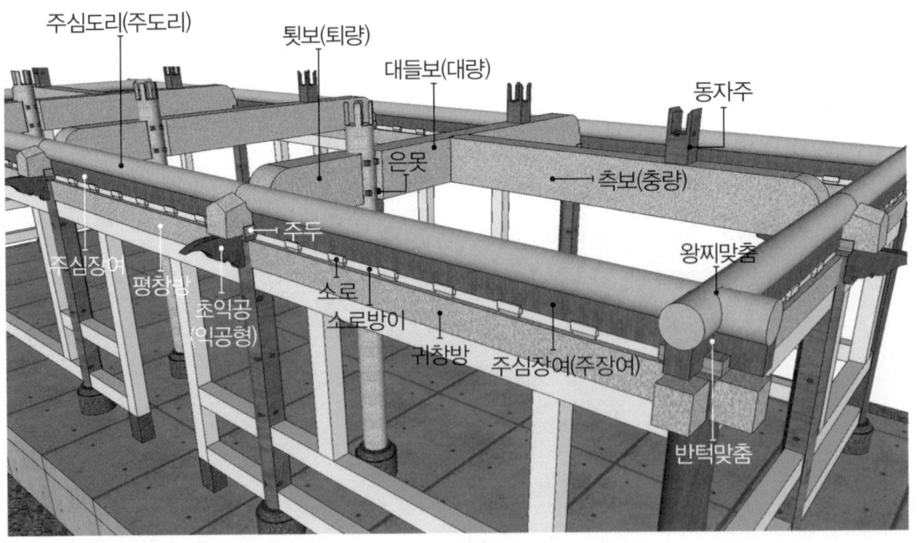

ⓑ 몸체부 명칭 03

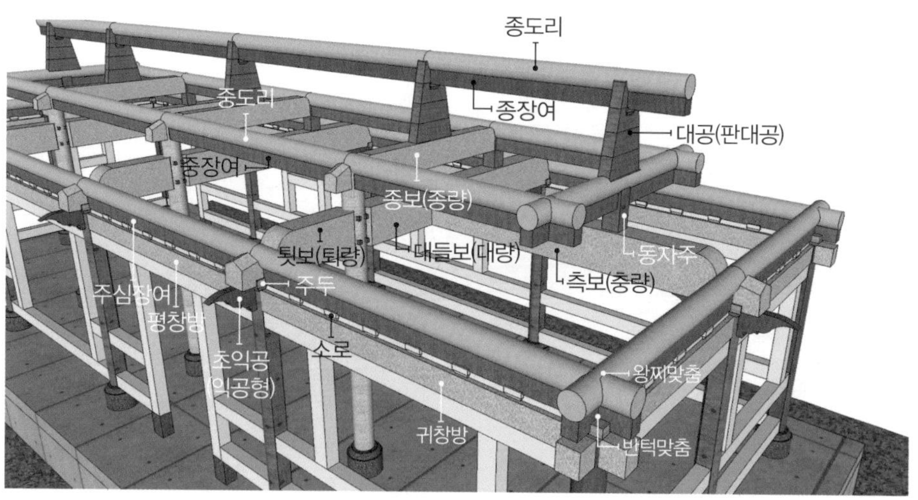

ⓢ 지붕부 명칭 01

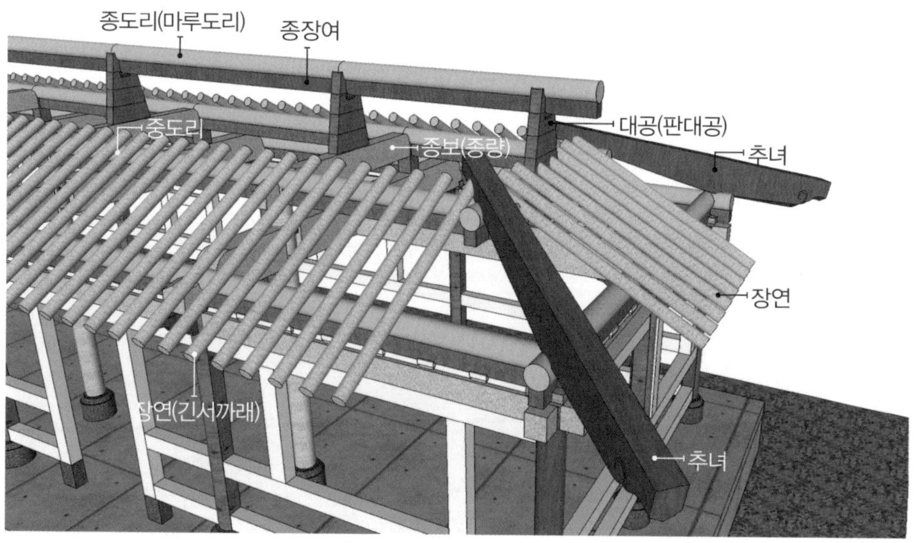

ⓞ 지붕부 명칭 02

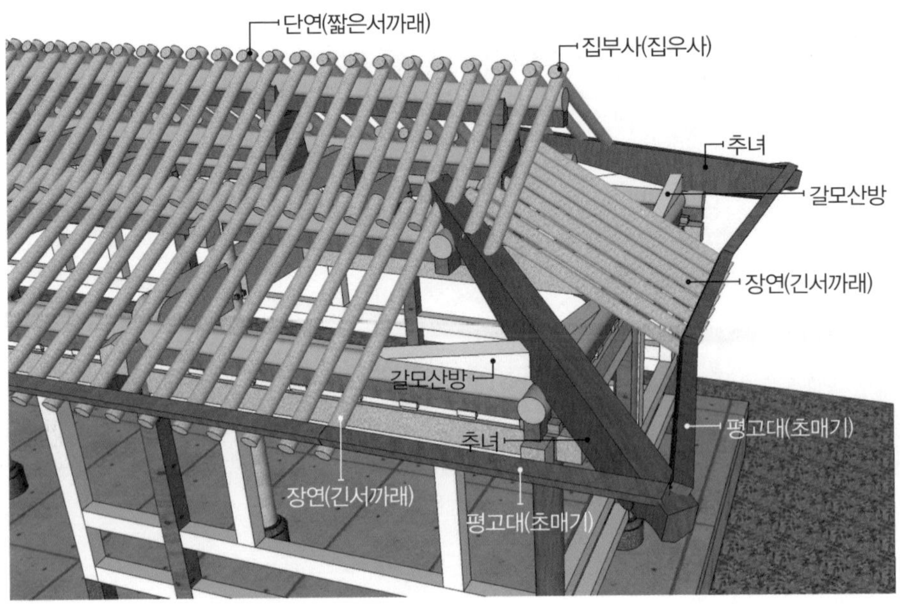

ⓩ 지붕부 명칭 03

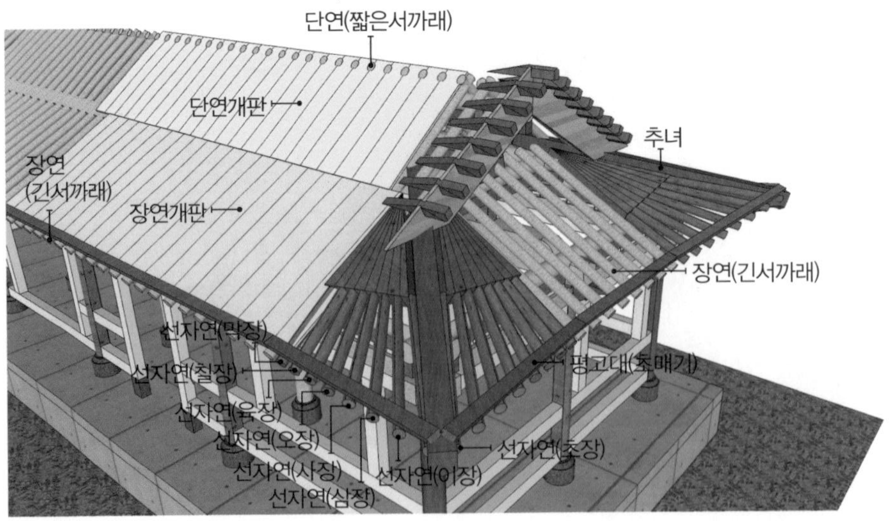

㉧ 지붕부 명칭 04

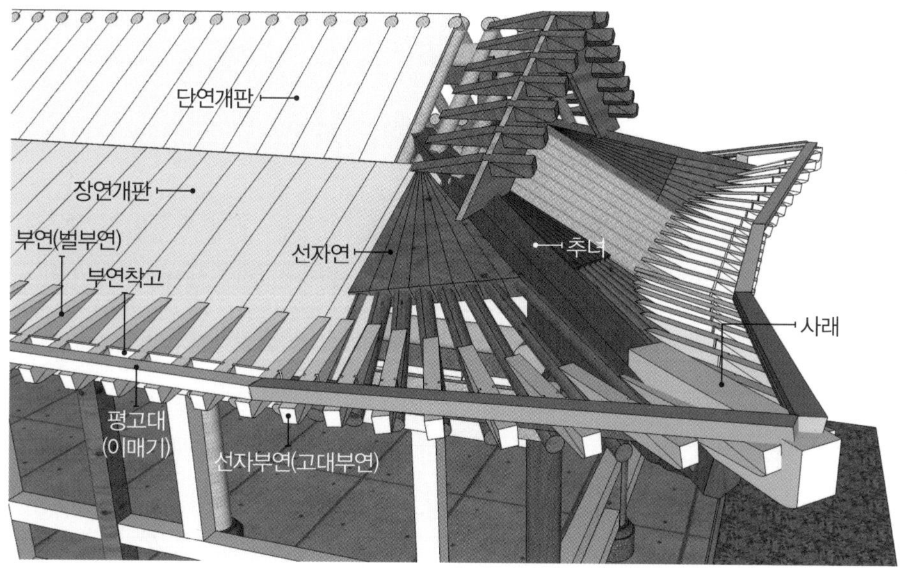

㉨ 합각부 명칭

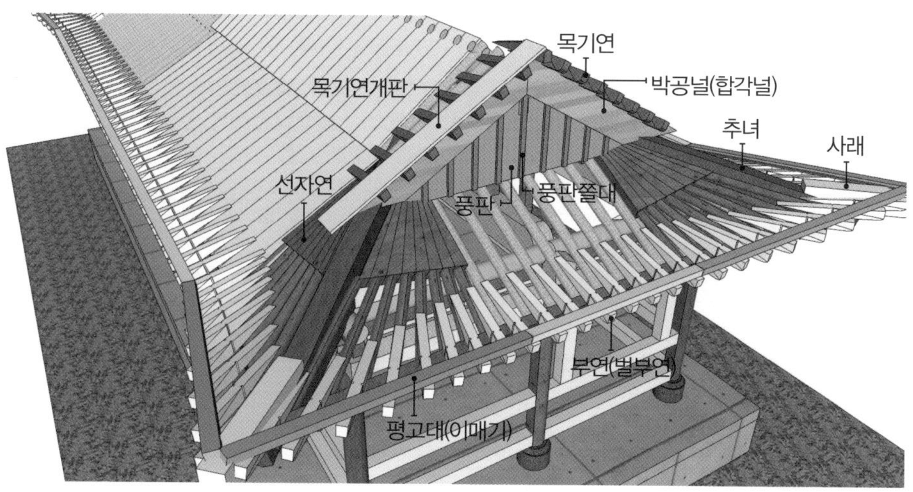

(2) 지붕 가구형식의 분류

목조건축을 구성하는 주요 구조부재가 어떤 형태로 만들어지느냐를 말한다. 가구법은 평면 규모와 형식에 의해 결정되며 그 형태는 단면을 보고 파악 할 수 있다.

기둥과 보, 도리의 조합 형태(종단면도상 도리의 개수)에 따라 가구법의 종류는 3량가, 5량가, 7량가, 9량가 등으로 구분되며 이것은 지붕의 형태와 크기를 결정짓는 중요한 요소가 된다. 한옥을 구성하기 위한 최소단위는 3량가 이며, 실림집 한옥에서는 5량가가 가장 많이 쓰이고, 7량가 이상은 규모가 큰 사찰 법당이나 궁궐 건물에서 주로 사용된다. 또한 고주의 유무에 따라 명칭을 구별하기도 한다. 그리고 주심상의 외출목과 내출목은 출목으로 산정하지 않는다. 즉 포식 건물의 출목도리는 가구법 산정에 포함시키지 않는다.

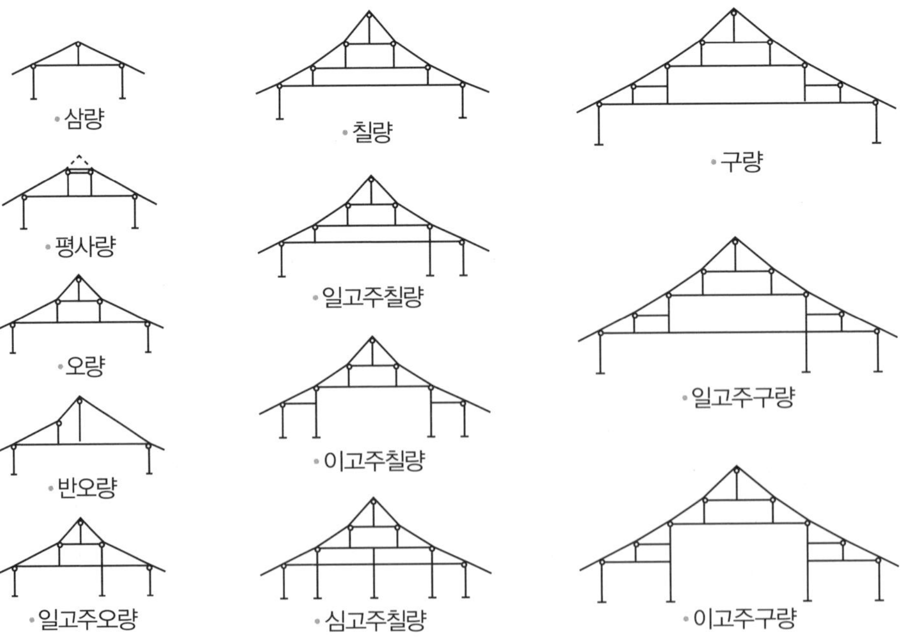

㉠ **삼량**(三樑) 단칸집에 쓰이는 제일 간단한 가구형식으로 앞뒤의 주심도리(처마도리)와 종도리만으로 구성된 것이다. 양통(보통)의 길이가 짧은 회랑 등의 간단한 건물형식에서 볼 수 있다.

㉡ **평사량**(平四樑) 주심도리가 양쪽에 있고 전후중도리를 가까이 두는 형식이다. 종도리 없이 서까래를 수평으로 걸어 그 위에 적심재나 보토를 쌓아 경사를 주는 구성이다.

㉢ **무고주 오량**(無高柱 五樑) 두 칸 이상의 간살이에 전후주심도리와 중도리, 그 위의 종도리를 걸어 꾸민 지붕 가구로서 일반 가정집 한옥에 가장 많이 쓰인다. 평면 구성에서 고주가 없이 결구되어 넓은 공간을 연출할 수 있는 장점이 있지만 양통(보통) 길이의 확장은 한계가 있다.

㉣ **반오량**(半五樑) 전면지붕은 오량으로 꾸미고 후면지붕은 삼량으로 된 것이다. 앞뒤가 대칭되지 못하고 간소한 민가에 쓰인 예가 있다.

㉤ **일고주 오량**(一高柱 五樑) 오량가에 툇마루 또는 복도 등이 있는 구조로 한옥 내부에 높은 기둥을 세워 동자주를 겸하게 하고 전후에 대들보와 툇보를 결합하는 구조이다.

㉥ **심고주 오량**(心高柱 五樑) 오량가 중심에 고주를 세운 오량으로 도성의 성문(城門) 등에서 볼 수 있다.

㉦ **이고주 오량**(二高柱 五樑) 오량가의 앞과 뒤가 대칭을 이루어 고주와 평주로 짜인다. 앞뒤에 퇴칸을 둔 형식으로 양반집에서 흔히 볼 수 있다.

ⓞ **무고주 칠량**(無高柱 七樑) 긴보를 쓰는 가구구성에서 전후에 주심도리, 중상도리, 중하도리, 종도리를 각각 써서 도리의 합계가 일곱이 되는 지붕틀이다. 이 경우 넓은 간살이에 고주가 없이 동자주와 중보, 종보 등으로 상부구조를 이루기 때문에 상부 하중을 지지하기에는 무리가 되는 구조로 그 예가 드물다.

ⓙ **일고주 칠량**(一高柱 七樑) 칠량가에서 동자주를 겸하여 내부에 고주를 하나 세운 것으로 작은 불전 등에서 뒤쪽에 복도를 둘 때에 흔히 쓰인다.

ⓒ **심고주 칠량**(心高柱 七樑) 칠량가 간살이의 중앙에 고주를 세우고 전후로 대들보를 받게 되며 위는 중보, 종보를 받게 되는 구조이다. 이 기법은 성곽의 문루처럼 측면이 두 칸으로 될 때 흔히 쓰인다.

㉠ **이고주 칠량**(二高柱 七樑) 전후에 고주를 세우고 고주 위에는 오량으로 하여 퇴칸을 꾸민 형식의 지붕 가구이다. 중앙은 큰 간살이가 되고, 전후에 복도를 두거나 측면에 복도를 두는 형식에서 쓰인다.

㉡ **무고주 구량**(無高柱 九樑) 도리의 합계가 아홉이 되는 가구로서 단일재의 보로는 최대형이다. 보칸의 경간이 너무 길어지게 되고 상부 하중을 보 하나만으로 받을 수 없어 찾아보기 힘든 구조이다.

㉢ **일고주 구량**(一高柱 九樑) 구량가 내부에 고주를 하나 세워서 보의 간살이를 작게 하고 고주 뒤는 툇마루, 복도 등의 용도로 쓰인다.

㉣ **이고주 구량**(二高柱 九樑) 구량가 내부에 고주 두 개를 세운 구조이다. 큰 간살이의 건물에서 중앙에 대청을 두고 앞에는 툇마루, 뒤에는 고방이나 부속방을 둘 때 쓰인다. 구조적으로 안정적인 형태이다.

(3) 변작법

도리의 위치는 지붕의 물매와 밀접한 관계가 있다. 그래서 도리의 수평 위치를 결정하는 방법이 중요하다. 이것을 변작법이라고 한다.

변작법은 3분변작법과 4분변작법으로 나뉜다. 전면 평주와 후면 평주의 거리, 즉 양통(보통)의 길이를 3등분으로 나누어 지붕틀을 구성하느냐, 4등분으로 나누어 지붕틀을 구성하느냐의 차이이다. 주심도리를 기준으로 하여 중도리 위치를 정하고 각 도리의 수평, 수직 위치를 잡는 데 쓰인다.

우리나라에서는 한옥의 지붕틀을 기준으로 할 때 '3분변작'과 '4분변작'의 두 가지 방법이 사용된다.

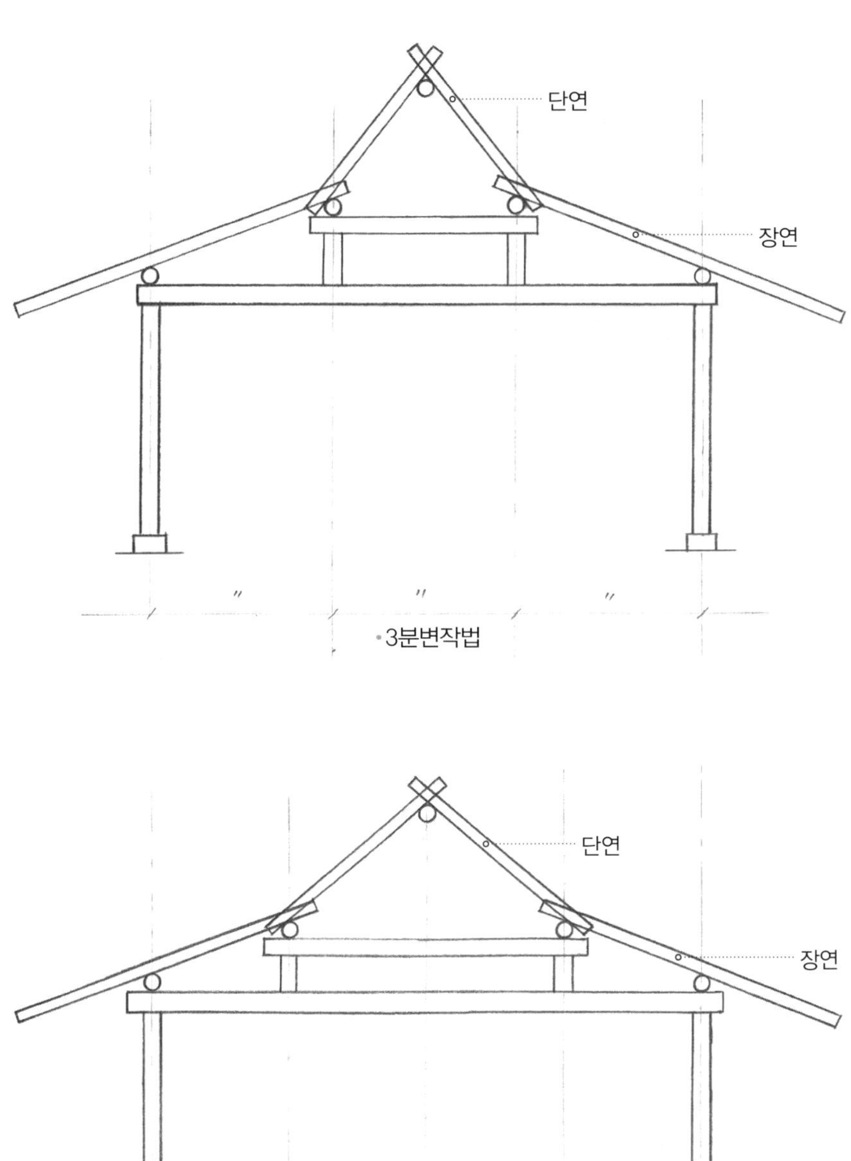

• 3분변작법

• 4분변작법

3분변작은 대들보의 길이를 3등분한 위치에 전후의 동자주를 세우고 여기에 도리를 놓는 방법을 말한다. 이 변작법은 지붕의 물매가 급해지고 헛집의 공간이 넓어진다는 점이 특징이다.

여기서 도리의 높이는 건물의 규모와 물매의 결정에 따라 다르다.

4분변작은 대들보를 네 등분하여 전후에 동자주를 세우고 도리를 놓는 방법이다. 이 변작법은 대들보의 집중하중을 등분포하중으로 전환하는 장점이 있다. 따라서 도리의 위치에 의한 지붕의 물매는 다양하게 구성될 수 있다.

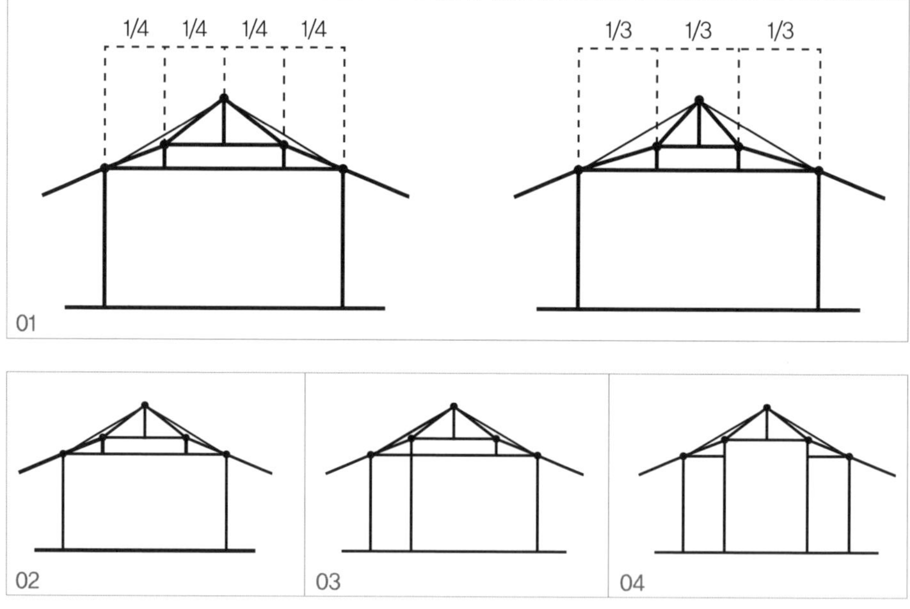

01 오량구조 변작법
02 무고주 오량가 구조 03 일고주 오량가 구조 04 이고주 오량가 구조

나. 지붕형식

건물의 가장 상부에 위치하고 전통 목조건축물의 구조형식을 결정하는 구조부이다. 지붕은 매우 넓은 처마를 이루고 있어 목조로 된 구조물을 비와 눈으로부터 보호하는 역할을 한다. 특히 지붕에서 흐르는 낙수가 긴 처마로 인해 기단 밖으로 떨어지게 하여 피해를 최소화한다.

곡선의 아름다움이 있는 전통 한옥의 지붕은 지역별 기후에 따라 다양한 형태를 보여주고 있다. 또한 시각적으로 목조건축형식을 결정하는 데 중요한 요소로 작용한다. 그 형식에 따라 의장적 효과와 건축적 의미도 달라지며, 사용 부재도 달라지고 가구방식과 구조적인 처리방식에도 차이점을 가진다. 전통 한옥의 지붕은 크게 맞배지붕, 우진각지붕, 팔작지붕, 모임지붕 형식으로 나뉜다.

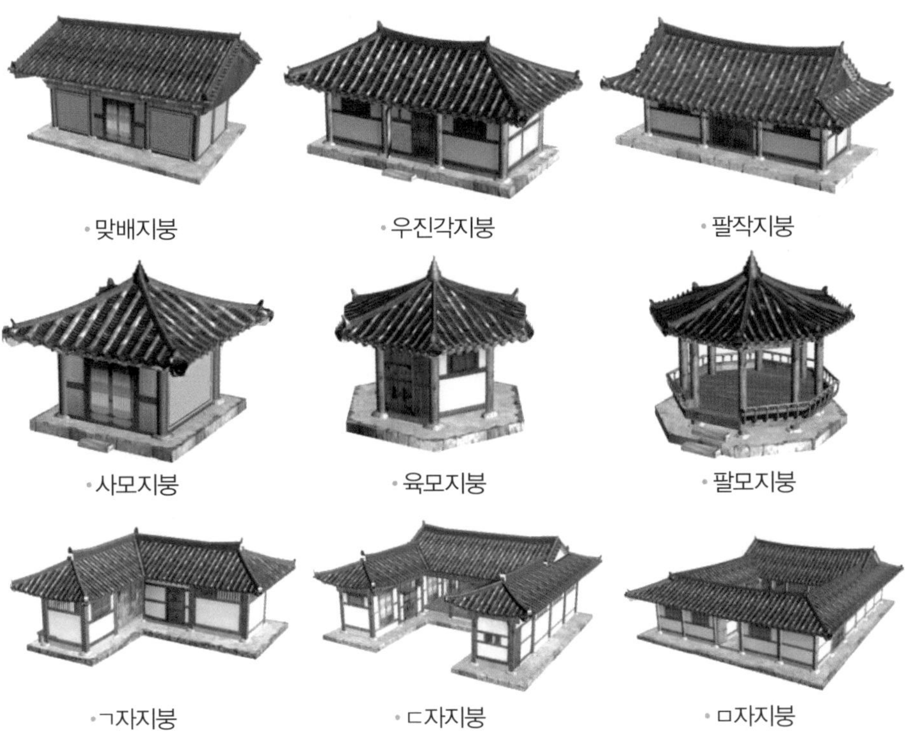

•맞배지붕 •우진각지붕 •팔작지붕

•사모지붕 •육모지붕 •팔모지붕

•ㄱ자지붕 •ㄷ자지붕 •ㅁ자지붕

⑴ 지붕형식에 의한 분류

㉠ **맞배지붕** 가장 기본적이며 대표적인 지붕 형태로 측면이 단절되어 있고, 박공으로 마무리되어 있다. 측면에 삼각형의 벽을 가지고 있고, 전통 기와지붕 가운데 구조가 가장 간결하다. 주심포식이나 다포식 건물보다는 민도리식과 같이 간결한 건물에 사용되어 왔다. 임진왜란 이후 방풍널(풍판)이 설치되기 시작됐고, 용마루와 내림마루가 있다.

㉡ **우진각지붕** 4면 모든 부분에 지붕면이 생기는 우진각지붕은 전, 후면에서 볼 때는 사다리꼴 모양, 양쪽 측면에서 볼 때는 삼각형 모양을 하고 있다. 우진각지붕은 모서리의 추녀마루가 처마 끝에서부터 경사지게 오르면서 용마루와 합쳐진다. 내림마루가 없고 용마루와 추녀마루가 있는 것이 특징이고 주로 성곽에서 많이 쓰인다. 풍수상으로 가장 기를 많이 받을 수 있는 지붕 형태로 여겨지며, 중국에서는 가장 선호되는 지붕 형태이기도 하다.

㉢ **팔작지붕** 맞배지붕과 우진각지붕이 합쳐진 형태의 지붕으로 측면은 박공 모양이며, 지붕면이 전면뿐 아니라 측면에도 처마를 형성한다. 우진각지붕과 마찬가지로 추녀가 사용되며 도리칸 2칸 이상의 가구에는 충량이 사용된다. 지붕 형태는 한문의 팔(八)자와 비슷하게 생겼으며, 위엄 있는 형태로 격이 높은 건물에 사용한다. 기와지붕 중에 용마루, 내림마루, 추녀마루가 모두 존재하는 아름다운 구성미를 가졌다. 처마 끝이 길게 뻗치면서 자연스러운 곡선을 이루어 힘차게 펼쳐져 있다. 마치 지면을 박차고 날아오르는 봉황새의 날개를 형상화한 듯한 형태를 보인다.

㉣ **모임지붕** 다각형 지붕형식을 가진 모임지붕은 지붕의 추녀마루가 처마 끝에서 경사지게 오르면서 지붕 중앙의 한 점에서 합쳐진다. 지붕의 평면 모양

에 따라 4각형인 경우 사모지붕, 6각형인 경우 육모지붕, 8각형인 경우 팔모지붕이 된다. 용마루와 내림마루가 없고 추녀마루만 있는 것이 특징이다.

다. 공포형식

공포는 기둥 위에 짜이는(결구되는) 부분을 지칭한다. 공포는 한국을 비롯해 중국과 일본 등 동양 건축의 중요한 특성으로 지붕 가구의 하중을 보를 통해 전달받아 기둥으로 전달하는 역할을 한다.

기둥 사괘를 중심으로 각 부재들이 결합하는 방식에 따라 크게 민도리식, 익공식, 포식으로 나뉜다. 특히 포식 공포는 건물의 높이를 높여주는 역할을 하며, 첨차와 살미가 한단 한단 쌓여 올라갈 때 역삼각형 구도로 건물 내외로 돌출해 이 때문에 출목도리가 형성돼 그만큼 처마를 길게 만들어 줄 수 있는 특징이 있다. 포식의 공포를 구성하는 기본 부재는 주두 위 첨차, 살미 부재이다.

(1) 민도리식

첨차나 살미 등의 공포부재를 사용하지 않고 출목도 없는 가장 간단한 기둥 결구방식이다. 다른 공포 방식이 주두에서 주요 부재(장여, 도리, 보)가 결구되는 것에 비해 주두가 없기 때문에 기둥 사괘에서 직접 결구 되는 것이 특징이다.

익공식, 포식과 비교해 민도리식의 차이는 민도리식에는 주두와 창방이 사용되지 않는다는 점이다. 즉 장여가 창방 대신 기둥을 수평 방향으로 연결하여 잡아주는 역할을 수행한다.

㉠ 민도리 납도리식

㉡ 민도리 굴도리식

(2) 익공식

창방과 직교해 보방향으로 새 날개 모양의 익공이라는 부재가 결구돼 만들어진 공포유형을 말한다.

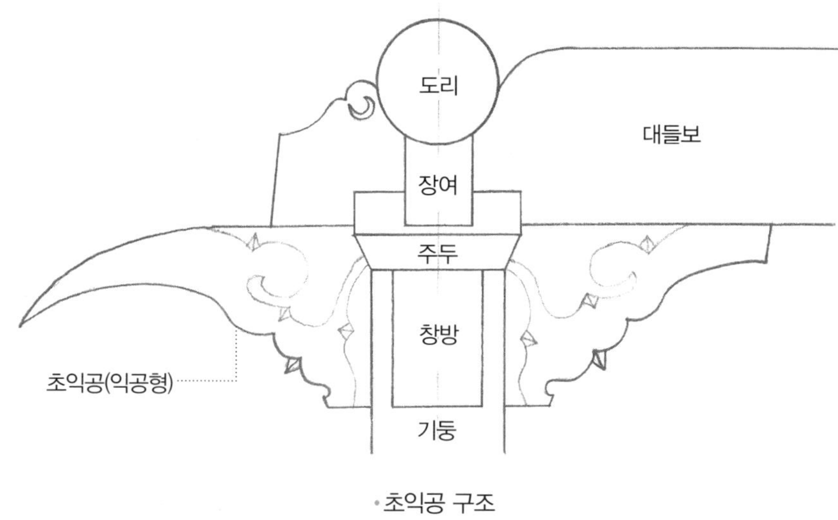

• 초익공 구조

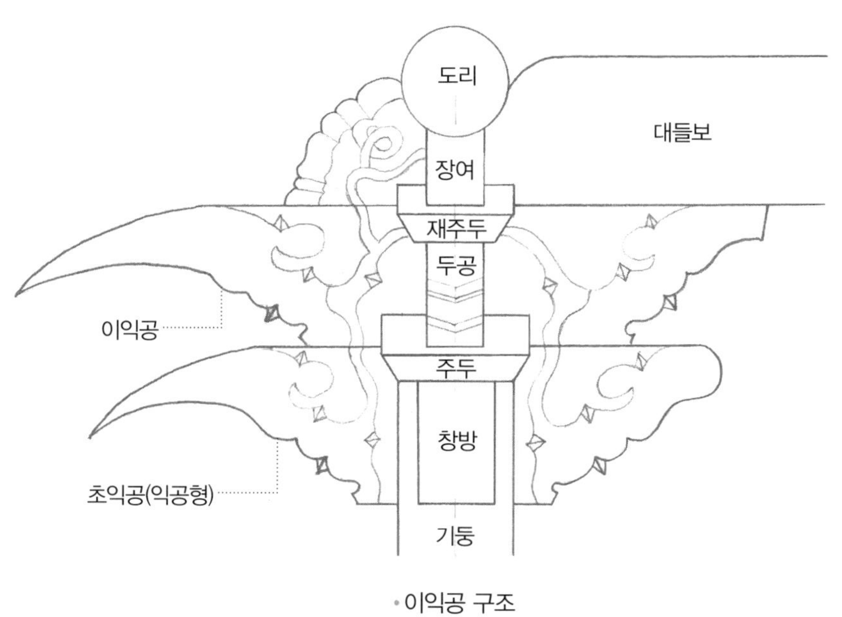

• 이익공 구조

익공식은 사용된 익공의 숫자에 따라 세분하는데 하나만 쓰였으면 초익공, 두 개 사용됐을 경우에는 이익공, 세 개인 경우는 삼익공이라고 부른다. 또한 익공은 모양에 따라 달리 불리는데 네모 반듯한 직절익공, 출목 부분을 뾰족하게 조각한 것을 익공형, 아래로 조각한 것을 쇠서형, 위로 들어 올린 것을 앙서형, 둥글게 구름 모양으로 조각한 것을 운공형이라 칭한다.

익공식은 조선시대부터 등장하는데 특이하게도 중국과 일본에서는 볼 수 없는 우리나라만의 고유 공포 양식이다.

• 초익공

• 이익공

(3) **포식**

출목이 있는 공포형식이다. 출목이란 주심도리 안팎으로 첨차가 나간 것을 의미한다. 출목 숫자에 따라 3포식(1출목), 5포식(2출목), 7포식(3출목), 9포식(4출목) 등으로 분류한다. 출목수에 비례해 포의 수는 출목수×2+1로 계산한다. 포식에서 가장 간단한 3포식은 기둥 위에만 포를 올리는데 고려시대 건물의 주심포식에서 주로 나타난다.

고려시대의 3포식을 주삼포라고 부르며 조선시대에 사용된 3포식과 구분하기도 한다. 5포식 이상의 공포는 기둥 사이에도 포(주간포)가 배치되는 다포식에서 나타난다.

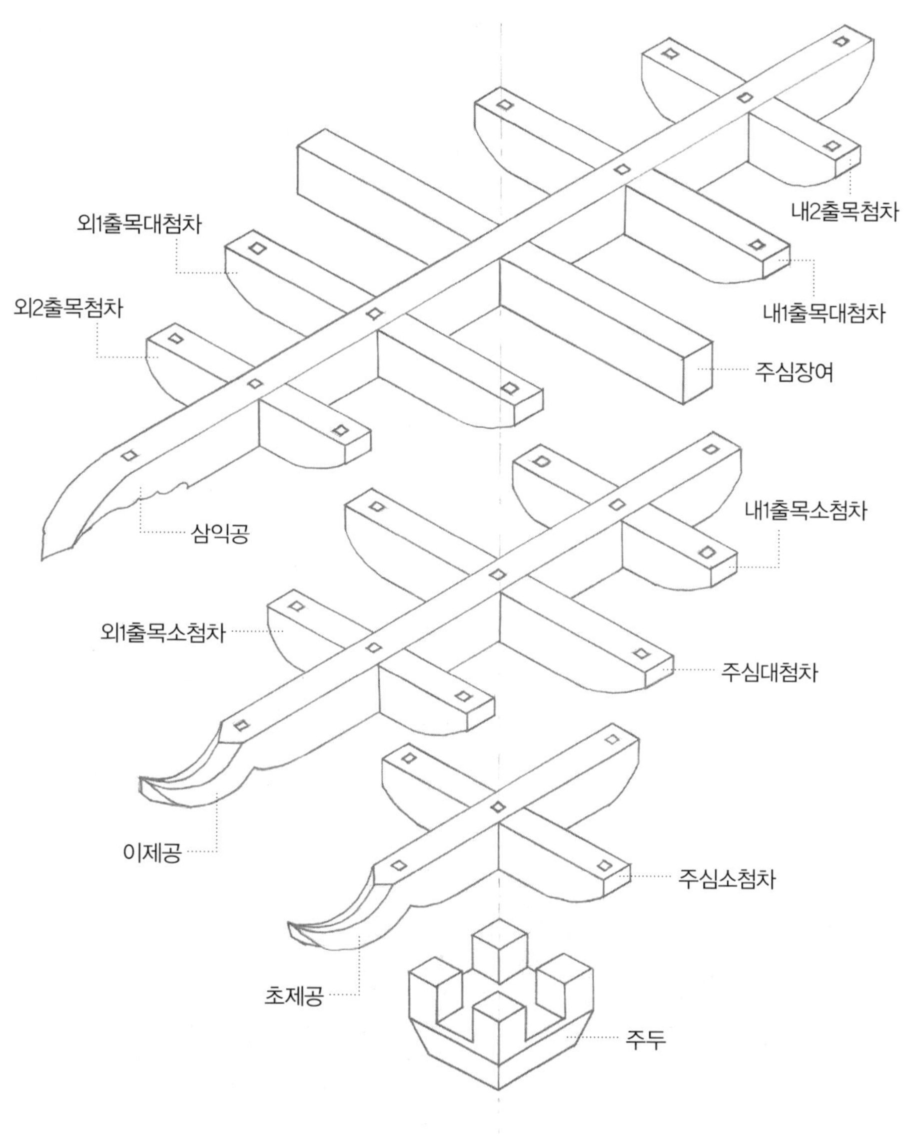
내2출목첨차
외1출목대첨차
외2출목첨차
내1출목대첨차
주심장여
삼익공
내1출목소첨차
외1출목소첨차
주심대첨차
이제공
주심소첨차
초제공
주두

•포식 공포 구조

㉠ 주심포식

㉡ 다포식

제 4 부

4 기초공사

가. 부지공사

(1) 측량

㉠ 실제 부지와 설계도서와의 정합을 확인하기 위하여 평면측량, 고저측량을 실시한다.

㉡ 경계측량 후 경계말뚝을 견고하게 설치하여 건축물 사용허가 시(준공허가)까지 보전될 수 있도록 한다.

(2) 기준점 설치

㉠ 기준점은 건축물 시공뿐만 아니라 앞으로 유지관리 시 활용을 위하여 보전될 수 있는 위치에 설치한다.

㉡ 기준점은 이동의 염려가 없는 장소에 2개소 이상 설치한다.

㉢ 기준점에는 건축물의 각부 높이 등을 표시하여 공사의 기준이 되도록 한다.

㉣ 기준점은 관계기관(국토교통부)이 측량에 의하여 설치한 국가 기준점을 기준으로 위치, 표고 등을 기록한다.

㉤ 기준점의 위치, 기타 사항은 따로 기록하여 두고, 기준점은 공사중 이동 및 변형 등이 없도록 보호조치를 취한다.

(3) 규준틀 설치

㉠ 규준틀을 설계도서에 따라 건물의 모서리 및 기타 필요한 장소에 설치한다.

㉡ 규준틀 말뚝은 일정규격(두께 25㎜) 이상으로 한다.

㉢ 규준틀 말뚝뿌리는 엇빗으로 자르고 지반에 단단하게 박는다.

㉣ 수평띠장은 일정규격 이상으로 한다. (두께 15㎜, 너비 90㎜ 이상)

㉤ 수평띠장의 윗면은 기준실을 칠 수 있도록 평평하게 하고 규준틀 말뚝에 수평으로 대고 못질하여 고정한다.

㉥ 규준틀에 표시한 기준선을 수시로 검사하여 잘못된 것은 즉시 수정하고 공사진행에 따라 건축물에 옮겨서 표시한다.

나. 토공사

(1) 터고르기

㉠ 부지 안에 있는 장애물은 반출 처리하고 터고르기를 한다.

㉡ 공사장 입구 및 공사전용 도로를 개설한다.

㉢ 부지가 연약지반일 경우 적절한 지반 개량을 실시한다.

㉣ 중장비를 사용하는 경우 중장비의 전도를 막기 위하여 지반의 견고성을 확인하고 필요하면 보강한다.

(2) 터파기

㉠ 굴착사면의 경사 및 높이는 토질, 지하수, 주변의 상황을 고려하여 결정한다.

㉡ 굴착면이 안정된 형상으로 유지되도록 균형 있게 파나간다.

㉢ 설계 깊이까지 바탕을 평면으로 파내고 옆 흙이 무너질 우려가 있으면 적절한 경사를 주거나 흙막이 버팀대를 설치한다.

㉣ 주변에 축조물이 근접해 있을 때는 피해를 방지할 수 있는 시설을 보강한다.

㉤ 특정 지하매설물(가스관, 상하수도, 전기통신설비 등)이 파손되지 않도록 주의

한다.

ⓑ 건물이 습해를 입지 않도록 배수계획을 세워야 하며, 항시 효과적인 배수가 되도록 공사를 진행하여야 한다.

ⓢ 외부로부터 물이 유입되는 것을 방지하고 유입된 물은 즉시 배수한다.

ⓞ 경사면의 지하수가 유출되는 경우에는 여과층을 설치하여 토사의 유출을 막고, 경사면에 영향을 미치지 않는 위치까지 배수시설을 설치하여 배수한다.

ⓙ 절토 자리는 빗물이 흘러들어 가지 않게 조치한다.

(3) 바닥면 및 경사면 고르기

㉠ 절토, 성토 시의 경사면은 도면에 표시된 경사나 지반고에 맞추어 잘 다져야 한다.

㉡ 그 외 바닥면은 특기할 만한 지시사항이 없는 한 평탄하게 있는 그대로 두며 흐트러지지 않도록 한다.

㉢ 기계 굴착을 하면 기계의 중량이나 진동으로 바닥면이 흐트러질 염려가 있는 경우에는 기초 바닥면에서 약 100~200㎜ 여유를 두고 잔여분은 삽 등

으로 인력 파기를 실시한다.

㉣ 독립기초의 경우에는 미리 설치된 기초에 손상이 가지 않도록 바닥면을 정리한다.

(4) 되 메우기 및 잔토 처리

㉠ 되 메우기는 지형의 원상복구를 원칙으로 한다.

㉡ 터파기한 흙을 되메우기에 사용함이 원칙이다.

㉢ 터를 닦을 때 생긴 흙은 반출하지 않고 쌓아 두어야 한다. 그래야 나중에 다시 퍼오는 수고를 덜 수 있다.

㉣ 되 메우기 장소는 깨끗이 청소하고 되메우기 흙에도 나무뿌리, 잡풀이 혼입되지 않도록 한다. 특히 외부 흙을 사용할 때에는 특별히 주의한다.

㉤ 되 메우기는 두께 약 150~300㎜ 마다 공사시방서에서 요구하는 다짐밀도로 다진다. 다짐밀도의 규정이 시방서에 명기되어 있지 않으면 다짐밀도는

95% 이상으로 다진다.

ⓑ 모래로 되메우기할 경우 충분한 물다짐으로 실시한다.

ⓢ 기초공사 종료 후 되메움 시기는 콘크리트 강도 등을 고려하여 구조물에 손상이 없도록 결정한다.

ⓞ 되 메우기는 장소에 따라 돋우기를 하여 둔다. 흙 돋우기는 차후 흙의 침하 발생과 우수의 흐름을 원활하게 하기 위함이다.

ⓩ 필요 없는 잔토는 장외로 반출하여야 한다. 잔토를 운반하는 트럭은 과적을 피하고 운반 중 흙이 넘쳐흐르지 않도록 덮개를 씌워 운반한다. 또한 타이어 등에 흙이 도로를 더럽히지 않도록 한다.

주의 지반동결

설계도서에 명시된 깊이가 동결심도 이하인지를 확인하고, 아닌 경우는 기초가 동결심도 300㎜ 아래에 위치하도록 더 파야 한다. 바닥면은 동결되지 않도록 한다. 동결된 경우에는 동결토는 제거하고 양질의 흙으로 치환하는 등 자연지반과 동등 이상의 지내력을 갖도록 조치한다. 되 메우기, 돋우기에 동결 토사를 사용해서는 안 된다.

(5) 집 자리(좌향)

㉠ 집터가 닦이면 설계 시 결정한 집이 들어설 자리 향(좌향)을 실제로 현장에서 확인한다. 설계(배치도) 시 고려되었던 지형, 안대 등을 실제로 확인하여 집자리와 방향을 최종적으로 결정한다. 필요에 따라 설계변경도 있을 수 있다.

㉡ 한옥 설계 시 기본적으로 고려하는 중요한 사항 중의 하나인 풍수는 집의 방향, 높이, 조망 등에서 세심함을 요구하므로 반드시 현장에서 건축주와 재확인, 재조정하는 과정이 필요하다.

(6) 현장준비

㉠ 설계, 시공 도서류 한옥설계·시공도서류(건축사무소, 설계사 작도) 배치도, 평면도, 입면도, 단면도, 앙시도, 지붕평면도, 각종 설비도, 내역서 등

㉡ 현장용 목공사도면(도편수 작도)

- **양판(도행판)** : 현장 목수용 평면도, 상세도 등 축척을 사용하여 널판 또는 종이 위에다 그린다. 기둥의 위치(조립을 위한 기둥번호 기입), 기둥간격, 기둥 높이, 기둥 단면 크기, 기둥 사이 벽의 유무를 고려한다.
- **단면도(종단면도)** : 1/10 축척을 사용하여 사실대로 그린다. 부재의 높이와 지붕부의 구성, 지붕부재의 길이, 형상 등을 결정하여 작도한다.
- **물목(物目)** : 상기 도면을 바탕으로 필요한 부재의 물량을 산출하여 표로 만든다. 이러한 표를 물목이라고 부른다. 물목에는 부재별로 규격과 수량을 기재한다. 물목은 시판 목재의 규격에 맞추어 제재소 주문용(척관법)으로 다시 환산하여 주문하여야 한다.

  또한 현장에서 가공 시 손실분의 여유를 두어야 하는 것도 잊지 말아야 한다. 주문물량 중 서까래의 경우 기성목(제재목)은 길이가 3자 간격(6자, 9자,

12자, 15자)으로 거래되고 있으므로 만일 4자가 필요하다면 9자로 바꾸어 주문해야 자재비를 절감할 수 있다. 또 작은 부재(주두, 소로, 부연, 목기연 등)는 긴 부재를 들여와 현장에서 치수에 맞춰 작게 나누어 작업하고 가공 시 톱날 두께도 고려해야 한다. 이 외에 비교적 큰 부재는 설계 치수에 맞추어 제재되어 반입하는 것이 일반적이다. 이때에도 현장에서 가공 시의 손실분을 두고 주문용으로 환산하여 발주하여야 한다.

ⓒ **가설건축물 설치** 현장사무실, 목수 숙소, 자재창고 등

ⓓ **비계설치** 비계의 높이는 특별한 경우를 제외하고는 처마높이까지를 기준으로 하며, 처마 또는 건물의 돌출부에서 적정한 간격(300㎜) 이상을 띄워 설치한다. 비계는 강관비계로 설치하고 비계클립으로 고정한다. 외부비계는 쌍줄비계로 설치한다. 쌍줄비계 면적산출은 건물 외벽길이에서 0.9m 떨어진 외주길이에 건물높이를 곱한 값으로 한다.

$A = (0.9 \times 8 + L) \times H$

다. 주초공사

주초공사는 공사 초기에 할 필요는 없다. 목공사의 치목에 상당한 기일이 소요되기 때문이다. 일반적으로 치목이 끝나고 골조의 조립이 시작하기 전까지 마치면 된다.

(1) 초석

㉠ **가공석 초석** 가공석은 석재회사에서 완제품으로 들여온다. 시공 전 정확한 규격, 형태, 수량을 산출하여 미리 여유기간을 두고 주문해 두어야 한다. 초석의 재질은 보통 화강석을 사용한다. 표면은 정다듬하고 모서리는 모접기를 한다. 초석 상면은 중앙이 약간 볼록하게 만드는 것이 좋다.

㉡ **자연석 초석** 자연석은 산야나 천변에 자연적으로 된 평평한 돌로서 갈라진 금이나 요철이 심하지 아니한 적당한 크기의 돌이면 사용할 수 있다.

모양은 둥글넓적하거나 원형이면 무방하다. 다만 돌의 상면은 중간이 도드라져서 움푹한 부분이 없는 것이 좋고 밑면은 평평한 것이 좋다. 모가 뾰족한 부분이 있으면 부드럽게 다듬어 사용한다.

자연석의 모양은 일정하지 아니하나 대체로 비슷한 것이 좋고 크기는 기둥 단면의 2배 이상 큰 것을 쓰면 좋다.

(2) 규준틀 매기

㉠ 주초공사를 하려면 부지에 기둥의 위치를 명확히 표시해야 한다. 기둥이 들어설 위치를 정확히 표시하기 위해서 세우는 틀을 규준틀이라고 한다.

㉡ 기둥 자리를 기준으로 좌향을 확인하고 실을 띄워 전면 가로축 기준실을 설정한다. 실은 길게 하여야 정확을 기할 수 있고 공사에 지장이 없다.

㉢ 가로축의 직각 방향으로 실을 띄워 세로축을 설정한다. 실은 최대한 팽팽하게 잡아당겨 움직이지 않게 양 끝을 잘 고정한다.

㉣ 기둥 자리를 실에 표시하면서 간살이를 잡아 나간다. 현장에서 간살이 길

이로 장척을 만들어 사용하면 편리하다.

ⓑ 기준실에 기둥 자리를 표시하였으면 기둥의 중심 선상 모든 곳에 규준실을 맬 말뚝을 박는다.

ⓢ 말뚝은 기초공사에 영향이 없도록 건물 위치에서 적당히 떨어진 곳에 초석 높이보다 높게 박아야 한다.

ⓞ 수평기 또는 물수평을 이용하여 수평을 잡는다.

ⓙ 말뚝에 표시된 높이에 맞추어 수평띠장을 고정하고 기둥 중심 선상에 실을 띄우는 것으로 규준틀 매기가 완료된다.

(3) 지정 다지기

㉠ 초석 밑의 지반을 다지기 위해서 생땅이 나올 때까지 동결선 밑으로 기초파기를 한다. 기초파기의 너비는 초석면의 2배 정도로 파면된다.

㉡ 파낸 구덩이에 잡석을 한층 한층 가지런히 펴서 채우고 다져 나간다. 다진 잡석 위에 모래를 넣어 물을 붓고 다시 다진다. 이때 모래가 유실되지 않도록 유의해야 한다.

㉢ 초석 놓을 높이까지 강회다짐이나 잡석다짐을 반복해 나간다.

㉣ 강회다짐은 석회, 모래, 석 비례를 1:1:1 정도의 비율로 섞어 물로 비빈 것을 다지는 것이다. 여기서 석은 푸석한 잔돌이 많이 섞인 마사토를 말하며 마사토 대신 굵은 모래를 사용해도 무방하다.

(4) 주초석 놓기

㉠ 우선 초석상면에 십자형의 심먹을 놓는다. 자연석도 마찬가지로 중심을 매기고 장변과 단변 방향으로 직교하는 심먹을 친다. 초석 하나하나의 상태를 확인하여 자리를 결정한다.

㉡ 지정 다지기의 강회가 완전히 굳은 후에 초석을 놓아야 하므로 일주일 정도의 시간을 두고 진행한다.

㉢ 규준틀에 매어 놓은 기준실과 초석 심먹을 맞추어 나간다.

㉣ 초석의 높이와 수평을 보아야 하며, 초석 상면이 실에 거의 닿을 정도가 되도록 한다.

㉤ 초석을 반듯하게 놓고 밑에 고임돌을 넣어 견고하게 안정시켜야 한다. 초석을 설치한 다음 나무메로 초석의 상면를 가볍게 두드려 안정 여부를 확인하는 것도 효과적인 방법이다.

㉥ 초석을 모두 설치하면 실의 수평을 다시 확인한다. 수평실에서 초석상면이 얼마나 떨어져 있는지 그 수치(그레발)를 잰 다음 각각 기둥 길이에 가감하면 된다. 그러나 요즘 현장에서는 초석 밑면에 목심을 박아 수평선에 정확히 맞추어 시공하므로 기둥 길이를 조절할 필요가 없다.

⑸ **콘크리트 기초**

근대에 와서는 서구화 문물이 들어와 좌식생활을 하던 우리의 생활을 입식생활로 바꾸어 놓았다. 구들을 놓아 난방을 하던 시절은 옛이야기가 되었고 버튼 하나면 난방과 온수를 해결할 수 있는 편리한 구조로 바뀌게 된 것이다. 물론 콘크리트 기초는 편리함을 주었지만, 우리 전통 구들이 더욱더 많은 건강함과 온기를 주는 것은 모두가 공감하는 사실일 것이다. 전통 구들이 점점 사라지는 것이 아쉬운 일이지만, 요즘 한옥 현장들의 기초는 콘크리트로 처리하고 그 위에 주초석을 놓는 형식이 많아지고 있어 다루고자 한다.

㉠ 무근 콘크리트 독립기초 무근 콘크리트는 철근 없이 잡석 다짐 위에 거푸집을 설치하고 규정 강도에 맞는 레미콘을 타설하는 것이다. 기둥 자리에만

독립 기초하는 것으로 설계 강도 이상 나올 때까지 보호 양생을 실시하여야 한다.

ㄴ **철근 콘크리트 독립기초** 연약지반에서 충분한 지내력을 얻기 위하여 잡석 다짐 위에 거푸집을 설치하고 이형철근을 설계도서 간격대로 배근하고 콘크리트를 타설하여 보호 양생을 실시한다. 이때 독립기초는 기둥 위치에 설치하여야 하며 양생 이후 배관설비와 기초 슬래브를 시공해야 한다.

ㄷ **철근 콘크리트 줄기초** 성토지반이거나 이질지층인 경우 부분적으로 지내력이 달라서 지반 보강공법을 이용하여 별도로 지반을 보강하여야 한다. 전체적으로 연약한 지반인 경우 전반적인 침하가 예상되므로 줄기초를 시공하는 것이 현명한 방법이라 할 수 있다. 먼저 배관설비를 하고 기둥위치와 기초외곽선에 줄기초를 동시에 타설하고 그다음 기초 슬래브를 타설하는 방식이다.

㉣ 철근 콘크리트 온통기초 줄기초와 마찬가지로 연약지층에 시공하는 기초이다. 기초벽과 기초 슬라브를 동시에 타설하여 공기를 단축시키고 기초 타설이 편리하다는 장점이 있다. 다만 기둥위치와 기초외곽선의 폭을 철근콘크리트로 모두 채워 넣어야 하므로 재료의 과다 사용이 단점이라 할 수 있다.

제 5 부

5 치목순서

목재를 톱으로 자르거나 대패로 깎아내고 끌로 장부를 파는 등 조립을 할 수 있도록 암촉과 숫촉을 만드는 전반적인 작업을 치목(治木: 다스릴치, 나무목)이라 한다.

가. 부재별 치목

치목은 서까래부터 하는 것이 일반적이다. 다른 부재와 달리 원목 상태로 길이만 맞추어 들여오고 수량이 많아서 그만큼 치목 시간이 길다. 혹시나 변형이 생기더라도 골격에 미치는 영향이 비교적 적기 때문이다.

서까래의 치목이 끝나면 일손을 재배치하여 주요 부재의 치목에 들어간다. 그 밖의 부재는 치목순서가 확실히 정해져 있지 않으나, 일반적으로 단면이 큰 부재부터 하는 것이 유리한 면이 있다. 단면이 작고 길수록 변형이 커지므로 치목과 조립 사이의 기간을 단축할 필요가 있기 때문이다.

나. 공정별 치목

한 부재의 치목은 일반적으로 겉목치기(곁가지, 옹이, 피죽) – 심먹놓기 – 마름질 – 바심질 – 가심질의 순서로 진행된다. 마름질은 목재를 치수에 맞게 4면 대패질하는 것을 말하며 바심질은 목재에 재단을 하고 톱과 끌을 이용하여 장부를 파는 것을 말한다.

가심질은 바심질이 끝난 목재를 마지막으로 다시 한 번 다듬고 면을 깨끗하게 정리하여 조립할 수 있게 만드는 것을 말한다. 가심질이 끝나면 부재 명칭과 번호를 기입하고 치목을 일단락한다. 치목이 끝나면 층마다 모탕을 고여 같은 부재끼리 적재를 한다. 치목 전에는 굽이의 파악, 등배구분, 말구와 원구의 구별 등에 신중을 기하여 치목을 해야 한다.

(1) 굽이의 파악, 원구와 말구의 구별

㉠ **굽이의 파악** 치목은 목재 고유의 성질을 충분히 파악하여 그 특성을 최대한 살려야 한다. 목재의 굽이란 휘어서 굽은 상태를 말한다. 이것은 조립 후에 나무의 변형을 예측하고 내구성을 높이는 데 중요한 요소로 작용하기 때문이다. 예를 들어 압축하중을 받는 수평 부재는 아래로 휘기 때문에 굽이가 위로하여 사용하는 것이 이롭다.

㉡ **원구와 말구의 구별** 나무의 상하를 구별하여 치목해야 한다. 목재는 뿌리 방향인 원구와 하늘 방향인 말구로 구분되는데 집을 지을 때는 반드시 말구가 위로 향하게 조립해야 한다. 원구와 말구의 구별은 다음과 같은 방법으로 구분할 수 있다. 첫째, 옹이는 나뭇가지의 위쪽을 향해 자라므로 옹이 수심에서 나이테 간격이 촘촘하고 좁은 곳이 위가 되고 넓은 쪽이 아래가 된다. 나무는 여러 개의 옹이가 생기는데 최소 2개소 이상 분별하여 파악하여야 한다. 둘째, 나무를 판재로 켰을 경우 "V" 형 모양이 위고 "U" 형 모양이 아래쪽이 된다. 셋째, 원목의 양 마구리에서 단면적이 큰 쪽이 원구이고 단면적이 작은 쪽이 말구이다. 넷째, 목재 면을 손으로 쓰다듬었을 때 거칠한 겉털이 눕는 쪽이 말구이다.

(2) 겉목치기

겉가지, 옹이, 피죽 등을 엔진톱, 거피기, 도끼, 자귀, 낫 등으로 쳐낸다.

(3) 심먹놓기 및 먹줄치기

치목의 기본은 심먹놓기이다. 양마구리 부분에 동일한 수평선과 수직선을 놓고 설계에서 요구하는 단면 크기를 재단한다. 그리고 길이 방향으로 먹줄을 치는데 먹줄은 정확한 위치에 팽팽하게 당겨 수직으로 올렸다가 놓아야 한다. 수직으로 당기지 않으면 휜 상태로 먹줄이 쳐진다. 먹줄치기는 쉬워 보이나 신중성과 많은 경험을 요구하는 작업이다.

(4) 마름질

필요한 치수로 잘라내고 대패질하는 작업을 말한다. 대패질은 심먹을 놓은 후 먹줄을 치고 곡자를 사용해 수평과 수직을 확인해 가면서 정확히 해야 한다. 면이 배가 부르거나 직각이 맞지 않으면 조립이 되지 않거나 직각이 맞지 않는 경우가 생긴다. 숙련된 목수가 할 일이다.

대패질은 목재의 결을 따라서 원구에서 말구로 순결방향으로 하는 것이 원칙이다. 순결과 엇결의 구분이 명확하지 않은 것은 손으로 가만히 쓸어보아 거칠한 겉털이 눕는 쪽으로 대패질을 하면 된다.

(5) 바심질

마름질이 끝난 부재는 장부의 치수대로 정확히 재단을 하고 톱넣기를 해서 끌과 망치로 치목을 해나가면 된다. 다른 부재와 조립되는 부분을 깎아내는 작업인 만큼 중복 체크와 신중을 기하여야 한다. 치목 방법은 헐겁게 조립하여야 할 경우는 먹선까지 깎고(먹선 죽이기), 빡빡하게 조립할 경우는 먹선이 보이게(먹선 살리기) 치목을 한다.

다. 맞춤과 이음

맞춤은 가름장 맞춤, 통장부 맞춤, 주먹장 맞춤, 통넣고 주먹장 맞춤, 숭어턱 맞춤, 연귀 맞춤 등 두 부재를 직각 방향이나 경사진 방향으로 짜 맞추어 접합하는 결구법을 말한다.

이음은 주먹장 이음, 나비장 이음, 메뚜기장 이음, 은못 이음 등 두 부재를 길이 방향으로 늘리거나 고정하기 위하여 접합하는 결구법을 말한다.

쪽매는 마루널과 같이 넓은 판재를 동귀틀이나 장귀틀 홈에 가로로 넓게 끼워 접합하는 결구법을 말한다.

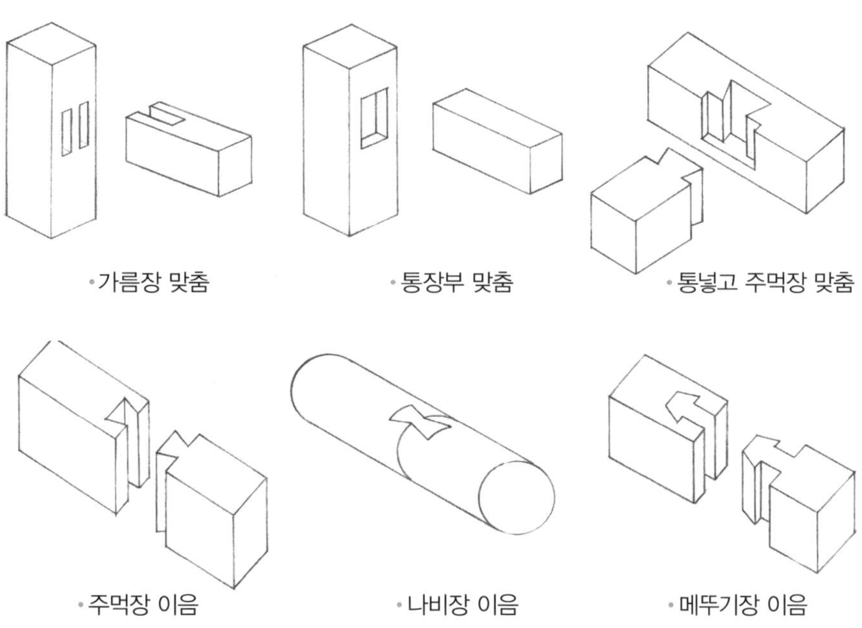
•가름장 맞춤 •통장부 맞춤 •통넣고 주먹장 맞춤

•주먹장 이음 •나비장 이음 •메뚜기장 이음

제 6 부

6 몸체부 부재의 치목

가. 기둥의 치목

(1) 마름질

㉠ 단면 사각으로 제재한 재목을 우마 위에 놓아 고정시키고 계획한 길이보다 길게 양쪽 마구리 단면을 자른다.

㉡ 양마구리 부분에 심먹을 놓는다. 먼저 수평자를 이용하여 수직 중심선을 긋고 수직 중심선과 직각이 되는 수평 중심선을 긋는다.

㉢ 심먹을 기준으로 양마구리에 계획한 기둥 치수에 따라 기둥단면을 재단한다.

㉣ 상하 마구리면의 기둥 단면 치수를 길이 방향으로 연결하는 먹선을 기둥면에 친다.

㉤ 먹선에 맞추어 정확히 4면 대패질을 한다. 이때 대패질면의 중앙부가 볼록하지 않고 옆면과 직각을 이루는지를 살펴 신중하게 대패질을 해야 한다.

㉥ 자연초석일 때는 기둥 길이의 여유분(덤길이)을 두어 초석의 높이차를 보정하는 부분으로 충당한다.

(2) **바심질**

㉠ 기둥 말구 쪽을 정확히 구별하여 사괘(사개머리, 화통가지, 사파수)를 따내기 위한 먹선을 그린다.(재단하기)

㉡ 먹선에 맞추어 톱질를 한 후 끌질로 파내고 다듬는다.(치목하기)

㉢ 기둥 옆면의 인방(상방·중방·하방)을 끼우기 위한 두 줄의 긴 홈(가름장, 쌍장부)을 그리고 따낸다.

(3) **가심질**

㉠ 마지막으로 장부의 깊이, 넓이, 폭을 정확히 다듬고 표면에 마무리 대패질을 한다. 그리고 부재명과 번호를 먹여 종별로 적재한다.

(4) 기둥의 명칭과 형태

㉠ 기둥은 위치상 평주와 우주, 고주, 심주 등으로 나누어진다.

㉡ 형태상으로는 무흘림 기둥, 민흘림 기둥, 배흘림 기둥으로 나뉘고 또한 단면의 형태상 원기둥, 사각기둥, 다각기둥으로도 나뉜다.

㉢ 기둥은 말구가 반드시 위로 가도록 치목과 조립을 해야 한다. 또 나이테를 살펴서 될 수 있으면 생장시의 방위와 일치하게끔 치목하고 조립하는 것이 좋다. 그리고 옹이가 많은 부분은 장부의 위치를 피해 사용하는 것이 좋다.

㉣ 한옥 문화재 실측보고서에 보면 기둥은 간살이가 8자에 대해 굵기가 7~8치 정도 되는 각주나 원주를 사용한 것으로 보고되고 있다. 간살이 즉, 기둥 간격의 1/10 정도 굵기의 목재를 썼다고 볼 수 있다. 보통 살림집 한옥에는 7치 정도의 각기둥을 많이 사용해 왔다.

㉤ 1자 굵기의 원주와 7치 굵기의 각주는 비슷한 굵기의 원목으로 치목한다.

ⓑ 기둥의 구조는 수평부재(창방, 익공)와 결구되는 기둥머리(사괘), 인방재와 결구되는 기둥몸통, 그렝이질(기둥이 주초석에 놓일 자리의 높이차를 그리는 것)하는 기둥뿌리(덤길이) 부분으로 나눌 수 있다.

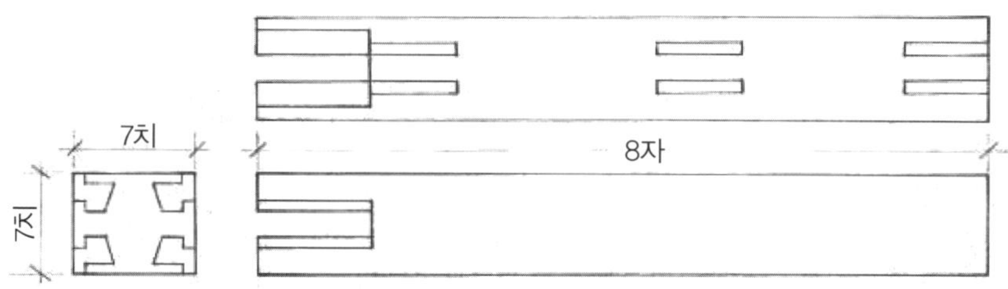

(5) 원주(圓柱: 둥글원, 기둥주)의 치목

기둥, 도리 등 단면이 원형부재의 치목 순서

㉠ 도끼, 자귀, 거피기 등을 사용하여 곁가지와 피죽, 옹이 부분을 제거한다.

㉡ 지름이 작은 말구쪽을 기준으로 설계치수에 맞게 심먹을 놓는다.

㉢ 4면에 먹줄을 수직으로 놓고 먹줄에 맞추어 대패질한다.

㉣ 4면을 대패질한 다음에는 8각으로 먹줄을 치고 대패질한다.

㉤ 8각의 제재목을 다시 먹줄을 놓고 16각으로 친다. 나머지 모서리 부분을 깎아내어 원형이 되도록 치목을 한다.

ⓑ 표면이 원형이 되도록 여러 번 마무리 대패질을 한다. 마감면 처리는 손 대패를 사용하여 원형의 질감이 나도록 마무리한다.

ⓢ 사괘 부분을 들어갈 부재에 맞추어 그린 후 톱, 끌 등을 이용해 치목한다.

나. 창방의 치목

창방은 한옥 외부의 기둥과 기둥(외진주)을 잡아주는 부재이다. 창방 마구리 쪽은 인장력으로 기둥을 지지할 수 있도록 주먹장으로 치목하는 것이 일반적이다. 창방 단면의 두께는 기둥보다 1~2치 정도 작게 하고 춤은 기둥 두께와 같은 정도이다.

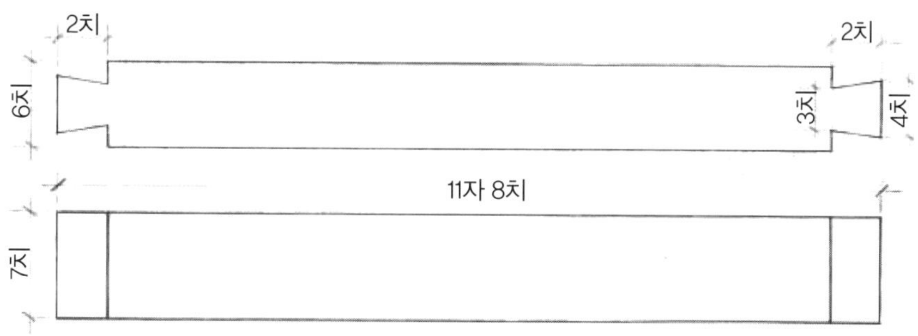

(1) 평창방

㉠ 창방 부재는 굽이와 수심의 위치를 살펴 등배 구분하여 치목해야 한다.

㉡ 목재의 양쪽 마구리에 수평자로 심먹을 놓은 후 치수에 맞게 4면 대패질하고 자른다.

㉢ 기둥과 창방의 결구는 주먹장 맞춤으로 창방 마구리에 주먹장 숫촉을 치목한다. 이때 주먹장 머리보다 목이 너무 가늘면 힘을 받지 못하고 갈라져 버린다. 그래서 살림집 한옥에선 주먹장 머리와 목 비율을 비롯한 모든 턱걸이를 5푼으로 통일하여 사용하는 경우가 많다.

㉣ 창방은 네 모서리를 반깍기하는 경우도 있고 네모 반듯하게 사용하는 경우도 있다.

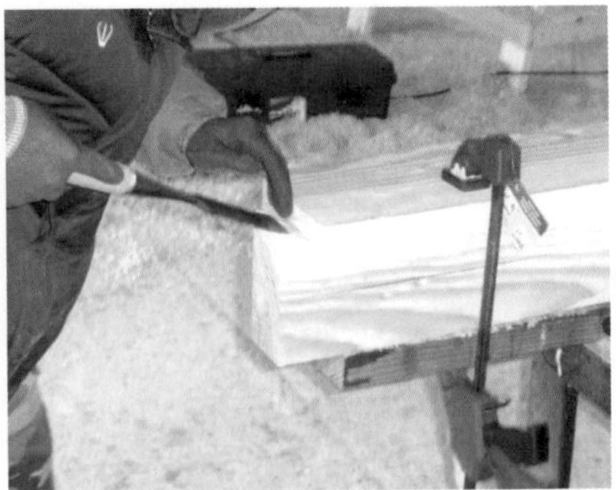

(2) 귀창방

귀창방은 평주 쪽만 주먹장으로 처리한다. 귓기둥 쪽은 창방의 빼목에 익공처럼 조각을 하는 경우와 조각 없이 빼목 1자만 처리하는 두 가지 경우가 있다. 익공형으로 할 경우에는 일반 창방의 높이보다 주두 높이 1/2만큼 더 높게 해야 한다.

㉠ 평주 쪽은 평창방과 동일하게 주먹장 숫촉으로 치목한다.

㉡ 귓기둥쪽 창방 빼목 길이는 조각에 따라 다르며 조각이 없을 때는 장여, 도리 빼목과 동일하게 기둥 중심에서 1자를 뺀다.

㉢ 귓기둥 사괘에서 정면 창방과 측면 창방이 교차하는데 이를 엎힐장과 받을장(반턱맞춤)으로 치목 조립한다.

다. 익공의 치목

익공이라는 용어는 민도리집이나 익공집에서 주로 쓰이는데, 익공식의 초익공, 이익공 처럼 익공이라는 용어와 민도리식에서 주로 사용하는 보아지라는 용어는 동일하게 사용되고 있다. 익공의 두께는 3치 정도이고, 춤은 창방 춤길이에 주두 높이의 반을 더한 것이다. 길이는 직절익공일 때 외목과 내목이 기둥 중심에서 1자씩 빠져나가 총 2자가 되고 조각 시 4자 이상이 필요하다. 한옥에서 조각된 익공은 의장적인 역할이 크지만, 지붕 하중을 전달하는 보머리 쪽에서 주두와 함께 보를 받치는 역할도 크다 할 수 있다.

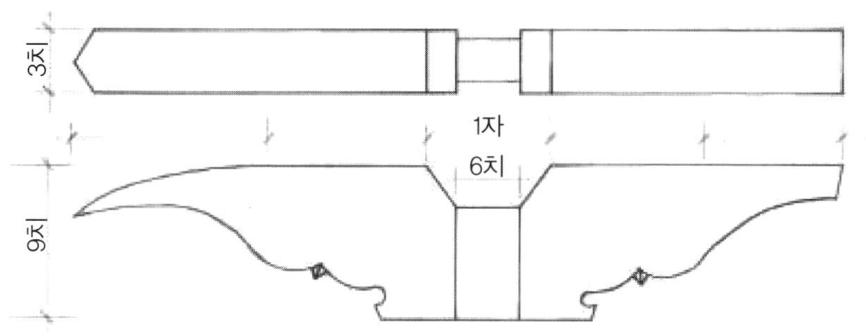

(1) 치목순서

㉠ 익공은 기둥 사괘에 곧은장으로 조립되며 빠지지 않도록 5푼 턱을 주어 가공한다.

㉡ 익공은 보를 받아주는 역할을 하며, 상황에 따라 주먹장으로 조립될 수 있다.

㉢ 익공을 반듯하게 직절하는 직절익공이 있고 조각 형태에 따라 익공형, 쇠서형, 앙서형, 운공형 등으로 나뉘게 된다.

㉣ 익공 윗부분 중앙에는 주두를 놓을 수 있게 직각이나 경사지게 따낸다.

라. 주두·소로의 치목

(1) 주두 치목

㉠ 주두는 치목의 수고를 덜기 위해 치수에 맞는 부재를 하나의 긴 부재로 들여와 한번에 치목한다.

㉡ 주두의 크기를 정할 때는 주두의 밑면으로부터 시작된다. 주두 밑면은 항상 기둥 단면의 크기와 같게 하고 원주일 때는 지름 길이의 사각으로 한다. 7치 기둥을 쓰면 밑면이 7치이고 경사면은 양쪽 각각 1치5푼~2치 정도 늘어나서 윗면의 크기는 1자×1자 또는 1자1치×1자1치가 되는 것이다. 이때 높이는 4치나 5치의 부재로 많이 쓰인다.

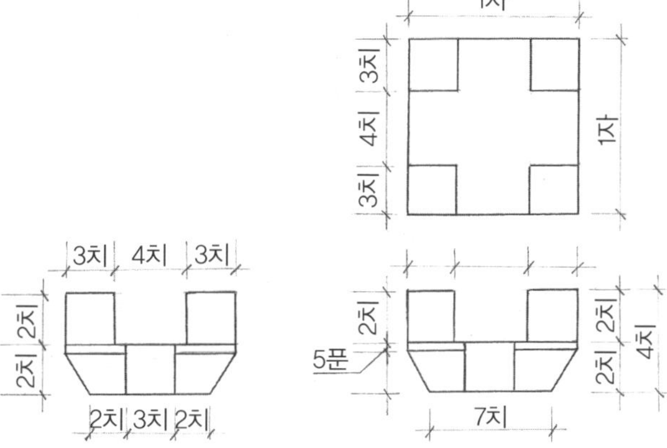

㉢ 먼저 장여와 보목 밑면이 들어갈 사갈 자리를 장여의 두께에 맞추어 따낸다. 이때 높이는 주두 높이 반을 따낸다. 그리고 원형톱이나 대패를 사용하여 경사면을 따낸다.

㉣ 마지막으로 방향을 고려하여 익공이 들어갈 턱을 따내면 된다.

(2) 소로 치목

㉠ 소로도 하나의 긴 부재를 들여와 한번에 치목을 한다.

㉡ 소로의 크기는 장여를 받는 부재이므로 장여보다 1치 정도 큰 부재를 사용하여 치목한다.(보통 5치×5치) 높이는 창방과 장여의 공간에 따라 달라지며 치목순서는 주두와 비슷하다. 다만 주두의 사갈 대신 긴 장여를 끼울 수 있게 5푼 턱의 양갈로 치목하면 된다.

㉢ 소로의 간격은 소로 크기의 3~4배인 1자5치~2자 정도이다. 보통 이 간격으로 간살이를 나누어 모든 간격을 동일하게 배치해야 한다.

㉣ 소로와 소로 사이는 소로 방막이를 채워 넣는 것으로 마무리한다.

마. 장여(장혀)의 치목

장여는 창방 위에 위치하며 도리를 받쳐 도리가 받는 수직 하중을 직접 분담하는 부재이다. 장여와 장여는 주두 위에서 반턱 주먹장(제혀주먹장) 이음으로 연결한다. 장여의 크기는 보통 인방재와 같은 부재를 많이 써왔다. 4치×5치 정도의 단면에 길이는 간살이에 맞추어 결정하면 된다. 귀장여는 간살이에 뺄목 한 자를 더하여 결정한다.

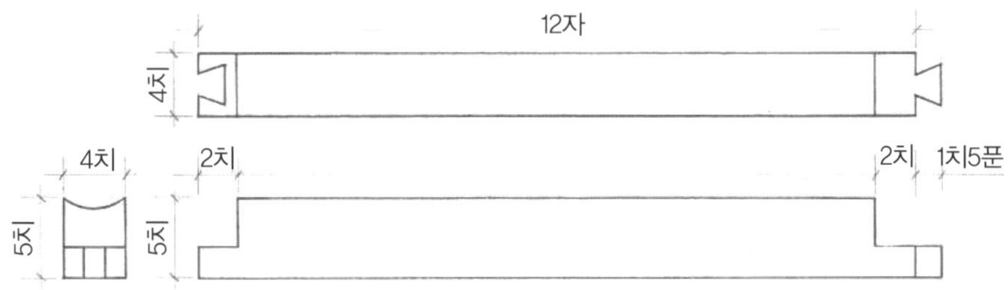

(1) 평장여

㉠ 사각 제재한 목재를 설계치수에 맞게 잘라 심먹을 놓은 후 4면 대패질 한다.

㉡ 장여와 장여는 반턱 주먹장 이음으로 하고 주두 사갈에 꽂힌다. 반턱의 높이는 주두의 운두 부분의 높이와 같다. 즉 주두 높이의 반인 것이다.

㉢ 굴도리식의 장여는 굴도리를 얹을 수 있게 장여 윗면을 도리 곡률에 맞추어 둥근대패로 깎아낸다. (납도리식은 평탄하게 깎는다.)

(2) **귀장여**

㉠ 평주 위 마구리는 평장여와 동일하고 귓기둥 위의 마구리는 도리와 같이 뺄목 한자를 내어 귓기둥 중심에서 반턱 맞춤으로 따내고 조립한다.

(장여는 위치에 따라 주심장여(주장여), 중장여, 종장여로 구분된다. – 5량가기준)

바. 보의 치목

보는 지붕의 하중을 기둥에 전달하는 중요한 역할을 한다. 전면 평주와 후면 평주를 가로 지르는 방향으로 조립된다. 보는 집 중앙에 위치한 보 몸통, 주두와 장여, 도리와 연결되는 보 목(숭어턱), 집 밖에서 볼 수 있는 빼목 한자인 보 머리로 구분된다.

보의 크기는 주두 상면과 관계있는데 보의 두께는 주두 상면과 같거나 약간 작은 것을 많이 써왔다. 예를 들어 1자 크기의 주두이면 대들보 두께가 9치 또는 1자이고 춤의 비율은 1:1.5로 높이가 1자 5치 정도로 정해지는 것이라 할 수 있다. 이는 지붕의 큰 하중을 보가 고스란히 받아내어 기둥에 전달해야 하는데 그 최대 반력이 1:1.5 비율인 것으로 보인다. 물론 3량가, 5량가, 7량가 등 건물의 규모가 커질수록 그 굵기는 모두 달라진다. 일반적으로 보칸의 길이에 1/10 정도 되는 춤으로 사용해온 것으로 알려져 있다.

또한 위치와 평면 구성에 따라 대들보(대량), 툇보(퇴량), 측보(충량)으로 구분된다. 5량가에서는 대들보 위에 종보가 위치하고 7량가에서는 대들보 위에 중보,

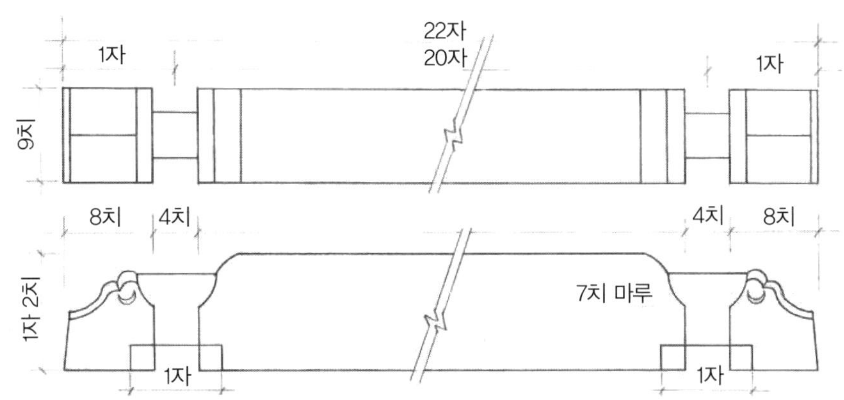

중보 위에 종보가 위치하는 것이다.

보머리 빨목 조각은 대표적으로 삼분두와 게눈각이 주를 이룬다.

(1) 보의 치목 순서

㉠ 사각으로 제재한 목재를 설계 치수에 맞게 심먹을 놓고 4면 대패질한 후 중심먹을 친다.

㉡ 굽이를 파악 후 등배 구분을 하여 재단을 한다. 이때 굽이가 없이 일정하더라도 수심을 파악 후 등배 구분을 해야 한다.

㉢ 보의 빨목 위치에 중심선을 치고 장여의 두께와 춤을 재단하고 아랫부분은 주두의 운두 부분을 재단한다. 윗부분은 도리가 조립될 위치를 그려낸다.

㉣ 재단선을 따라 먼저 톱넣기를 하고 망치와 끌을 이용하여 따내고 다듬는다.

㉤ 보 머리는 먼저 도안을 제작해서 재단을 한다. 재단에 맞추어 조각도를 이용하여 조각을 새긴다.

㉥ 보 몸통의 밑면은 보 중앙부가 시각적으로 처져 보이는 것을 교정하기 위해 굴려 깎아 준다. 또한 딱딱한 네모서리는 부드럽게 반깎기하여 마무리한다.

㉦ 대들보 상부 동자주가 놓이는 자리는 움직이지 않게 5푼 정도의 홈을 파서 걸치게 한다.

(2) 보의 종류

한옥은 도리통(도리방향)으로는 칸수를 늘리면서 확장이 자유롭지만 양통(보방향)으로는 확장이 제한적이다.

㉠ **대들보**(대량) 보는 건물 안쪽에 고주를 쓰지 않고 양쪽 평주에 숭어턱으로 결합하는 대들보가 있다.

㉡ **툇보**(퇴량) 확장이 어려운 보 방향으로 고주를 세우면 길이가 짧은 부재로도 양통을 늘리는 것이 가능하다. 고주를 세워 툇칸을 구획하는 구조에서는 한쪽만 숭어턱으로 결합하고 다른 한쪽은 고주와 결합되는 대들보와 툇보가 생기게 된다.

고주를 세우고 툇보를 사용하는 이유는 고주에 대들보와 툇보를 나누어 걸어 지나치게 긴 목재를 사용하는 부담을 줄이려는 이유가 있다. 또한 툇칸을 둠으로써 내외부의 완충공간이나 실과 실을 이어주는 복도, 방에 딸린 수납공간 등으로 사용하려는 이유도 있다.

ⓒ 측보(충량) 한쪽은 측면 기둥머리에 숭어턱으로 결합하고 다른 한쪽은 대들보 허리에 턱걸이 주먹장으로 걸치는 부재이다. 이 측보는 지붕 구조에서 나타나는데 팔작지붕이나 우진각지붕에서는 추녀나 합각부의 하중을 받아주는 측면 동자주가 필요하게 된다. 그 위치에서 동자주를 받는 역할을 수행하는 부재이다.

ⓓ 맞보 심주를 중심으로 마주보는 보를 말한다.

ⓔ 중보와 종보 5량 구조는 대들보 위 동자주에서 서로 결합되는 종보가 있고 7량 구조에서는 대들보 위 중보가 그 위에 종보가 나타나게 된다.

사. 도리의 치목

도리의 크기는 보통 기둥의 크기와 같거나 1치 정도 작은 것을 사용한다. 창방이나 장여와 같은 방향에 조립되는 부재로 보방향과 직각을 이루며 지붕의 수직 하중을 서까래로 통해 받아 기둥에 직접 전달하는 역할을 수행한다.

도리는 위치에 따라 평주 위에 놓이는 도리를 주심도리(주도리), 동자주 위에 놓이는 도리를 중도리, 대공 위에 놓이는 도리를 종도리라 칭한다. 7량가나 9량가에서는 중하도리, 중중도리, 중상도리로 구분하여 부르기도 한다.

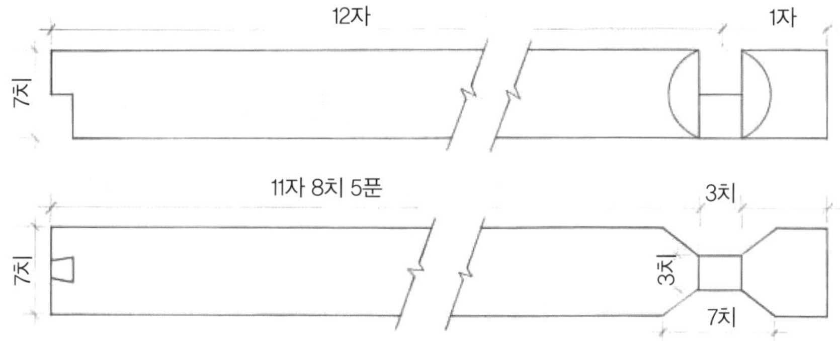

(1) 도리의 구조

㉠ 도리는 배치 수에 따라 지붕 가구를 구분하는데 도리가 3개면 3량가, 5개면 5량가, 7량가, 9량가 등으로 구분한다. 포식의 출목도리는 가구 구분에서 제외한다.

㉡ 굴도리는 도리의 단면 형태가 둥근 도리를 말하는데 하늘과 우주를 상징한다 하여 반가나 격식이 있는 건물, 또는 바깥주인의 거처인 사랑채에 주로 사용해왔다.

㉢ 납도리는 도리의 단면이 직사각 형태의 도리를 말하는데 땅을 상징한다 하여 일반 평민 주택, 또는 안주인의 거처인 안채에 사용해왔다. 네 모서리는 반깍기하는 경우도 있고 아닌 경우도 있다.

(2) 도리 치목 순서

㉠ 부재를 우마 위에 구르지 않게 고정한 후 양쪽 마구리를 길이에 맞게 자르고 다듬는다.

㉡ 양쪽 마구리에 심먹을 그린다. 심먹선을 중심으로 도리 지름에 맞는 치수의 사각을 그린 후 양쪽 재단선을 연결하는 먹선을 수직으로 치고 대패질한다.

㉢ 4면 대패질이 끝나면 8각으로 마구리에 먹선을 재단한 후 먹선에 맞게 대패질한다.

㉣ 8각을 16각으로 반복하여 대패질하고 나머지 모서리는 손대패로 둥글게 마무리 작업을 한다.

㉤ 길이에 맞게 자른 후 보목에 결합할 수 있게 그 위치를 반턱으로 따낸다. 상부는 나비장 이음으로 빠지지 않게 결구한다.

(3) 왕찌 도리의 치목

㉠ 평도리의 치목과 동일하나 한쪽은 보목에 맞게 반턱으로 한쪽은 전면 도리와 측면 도리가 만나 교차하므로 엎힐장, 받을장의 왕찌 맞춤으로 한다. 왕찌 맞춤은 반턱 맞춤과 연귀 맞춤을 섞어 만든 독특한 장부의 모습이다.

㉡ 귓기둥 위의 뺄목은 창방, 장여와 마찬가지로 기둥 중심에서 한자이다.

아. 종보, 동자주의 치목

(1) 종보(종량)

종보는 대들보보다 두께는 2치 정도, 춤은 3치 정도 작은 부재를 사용한다. 종보는 고주가 없는 경우는 동자주끼리, 고주가 있는 경우는 한쪽은 고주에 다른 한쪽은 동자주에 곧은장으로 결합된다.(민도리식 평주 사괘와 동일) 그리고 종보 윗면에는 판대공을 잡아줄 수 있는 은못 홈을 끌로 파낸다.

(2) 동자주

동자주의 크기는 일반 평주의 단면 크기보다 1치~2치 정도 작은 것을 사용한다. 동자주의 치목은 민도리식 사괘와 같이 종보의 목을 곧은장으로 직접 꽂고 양쪽으로 중장여가 주먹장으로 연결되도록 치목하는 것이 일반적이다.

자. 대공의 치목

대공의 크기는 3치~5치 두께에 춤은 물매에 따라 4등분으로 나누어 사용하고 종보 위에서 종장여나 종도리를 받치는 부재이다. 종도리에 실리는 지붕 하중을 대공에서 종보로 전달하고 또 동자주에서 대들보로 전달하는 것이다. 대공의 형태는 지붕가구나 건축양식에 따라 다양하다.

궁궐이나 사찰 등에서는 구조재 역할 뿐만 아니라 조각을 가미하여 장식적인 기능도 함께하는데 그 대공을 파련대공이라 한다. 보통 민가에서는 판대공, 키대공, 동자대공 등을 주로 사용해 왔다. 주로 판대공이 많은데 그 두께는 수장 폭과 같게 하고 길이와 높이는 건물의 규모나 지붕의 물매에 따라 달리한다.

(1) 판대공 치목 순서

㉠ 판대공은 보통 4등분으로 나누어 쌓아 올린 뒤 은못 이음한 것을 말한다. 키대공 처럼 단일 부재를 사용할 경우 건조 수축에 따른 갈라짐이나 뒤틀림의 우려가 있는데 이를 방지하기 위해서이다.

㉡ 대패질한 4개의 부재를 대공 높이만큼 붙여 놓고 중심 먹선을 놓는다.

㉢ 중심 먹선을 기준으로 소로, 장여, 도리가 들어갈 자리를 재단한다. 이때 소로는 통으로 넣어 장여를 받칠 수 있게 하고 장여는 인장력을 발휘할 수 있게 주먹장으로 하며 도리는 구르지 않게 반턱으로 처리한다.

㉣ 먹선에 맞추어 치목을 하고 대공 상부는 서까래 조립시 걸리지 않게 둥글게 처리하면 된다.

제 7 부

7 지붕부 부재의 치목

지붕부의 부재는 몸체부의 부재처럼 짜 맞추거나 장부이음하지 않고 부재를 치목한 뒤 각각의 도리 위에 얹어 놓은 것이라 할 수 있다. 그래서 도리 위에 얹어 놓은 부재들은 조립이 아니라 연정(대못)을 이용하여 고정한다.

지붕 부재의 치목 및 조립은 먼저 지붕물매의 개념을 이해해야 한다. 한옥 지붕의 물매는 밑변이 1자인 직각 삼각형에 높이의 비율에 따라 '몇 치 물매'라는 말로 표현한다. 건물의 구조가 5량가 이면 장연의 물매는 완만하고 단연의 물매는 가파르다. 이 장연 물매와 단연 물매를 연결한 것이 전체 물매가 되는 것이다. 보통 민가에서는 장연 물매를 4치 물매, 단연 물매 1자 물매로 하여 전체 물매를 6치~7치 물매 정도가 되도록 주로 사용해 왔다.

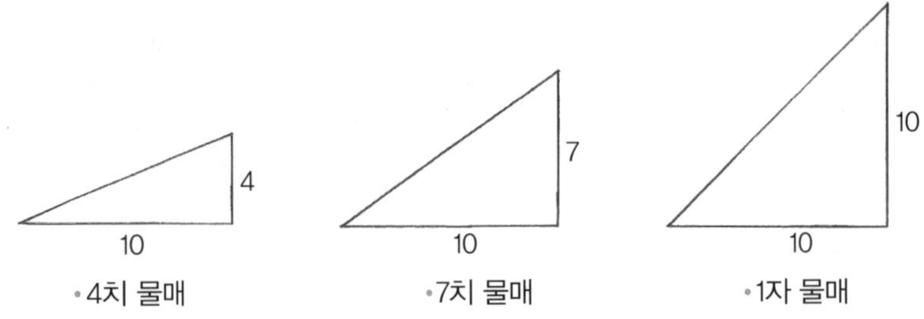

•4치 물매 •7치 물매 •1자 물매

가. 추녀의 치목

(1) 추녀의 이해

추녀는 팔작지붕이나 우진각지붕에서 나타나는 부재이다. 처마의 앙곡과 안허리곡을 결정하여 지붕 곡선을 잡는 것이 추녀이다. 추녀의 위치는 주심도리 왕찌부분과 중도리 왕찌부분 위에 경사지게 놓여 교차되는 지붕을 형성한다.

추녀는 주심도리에서 평고대까지의 거리, 즉 처마를 이루고 있는 부분을 추녀 외목, 중도리에서 주심도리까지의 거리를 추녀내목이라 칭한다.

추녀외목은 대체로 포식 건물에서 그 길이가 길고 익공식이나 민도리식 건물에서는 건물의 규모나 지붕의 형태에 따라 다른 것을 볼 수 있다.

(2) 추녀의 설계

㉠ 추녀도는 앙곡과 안허리곡을 설계하는 필수적인 도면이다.

㉡ 추녀도는 추녀만을 생각해서 설계해서는 안 되고, 건물의 전체적인 앙곡과 안허리곡을 고려해서 계획하여야 한다.

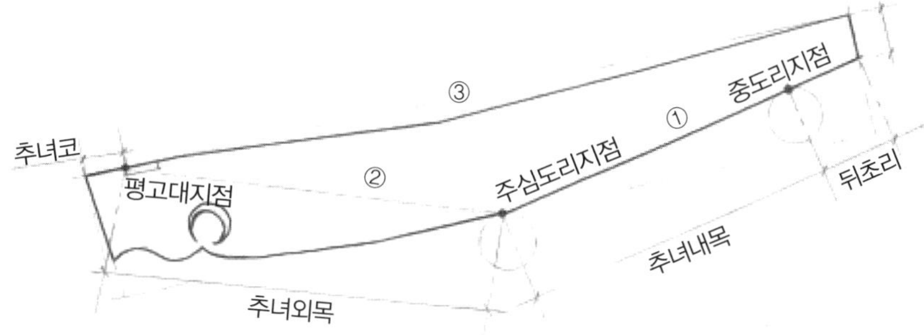

(3) 앙곡의 계획

㉠ 추녀와 장연처럼 지붕을 구성하는 지붕재는 3지점이 기준이 된다. 이 3지점은 중도리 왕찌지점(추녀의 뿌리 부분), 주심도리 왕찌지점(캔틸레버 구조의 최외단 지지점), 평고대 지점(평고대 결합 부분)이다.

㉡ 추녀를 계획할 때 기준이 되는 선은 중도리와 주심도리를 연결(추녀내목)하는 직선과 주심도리와 평고대(추녀외목)를 연결하는 직선으로 볼 수 있다.

㉢ 따라서 추녀곡(앙곡)은 이 3지점을 연결하는 직선의 높이라 할 수 있다. 건물 중앙의 장연과 추녀곡으로 올라간 추녀를 평고대로 자연스럽게 연결한 것이 앙곡인 것이다. 보통 앙곡은 건물의 규모에 따라 차이가 있지만, 민가를 짓는 살림집 한옥에서는 1자를 많이 사용하여 설계한다.

㉣ 도편수가 추녀곡을 설계하는 방식은 일정하지가 않다. 그 이유는 다양한 모양의 목재를 효율적으로 치목하기 위해서이고 그 다양한 방법들은 선조 목수들의 경험에서 우러나온 것이라 할 수 있겠다.

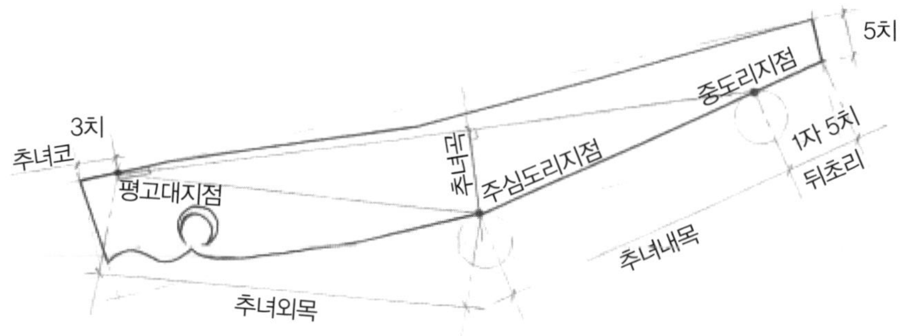

(4) **안허리곡의 계획**

㉠ 추녀는 건물 중앙에 설치한 장연에 비해 평면상 밖으로 많이 돌출된다. 이렇게 내밀어진 추녀 끝과 중앙 장연을 평고대로 자연스럽게 이은 것이 처마의 안허리곡이다.

㉡ 추녀의 내밀기는 장연의 외목길이에 1/4 정도를 더 내미는 것으로 알려져 왔다. 현재 살림집 한옥 현장에서는 앙곡과 같은 비율인 1자를 계획하는 것이 가장 일반적이라 할 수 있다.

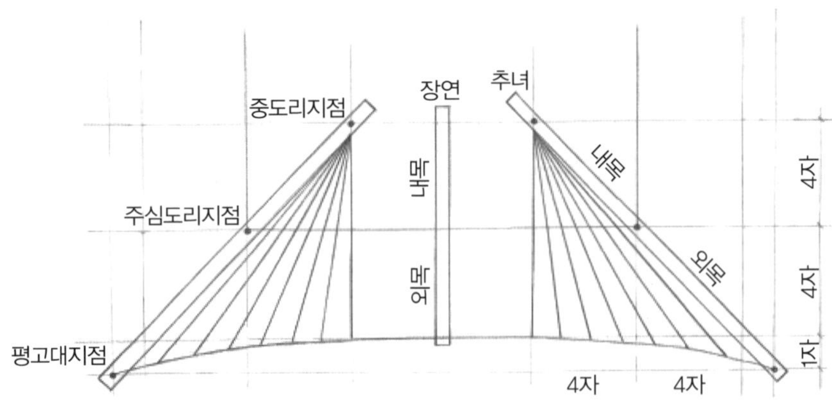

(5) 추녀의 두께와 춤

㉠ 추녀의 두께는 서까래 굵기의 1.5~2배 정도를 사용한 것으로 알려졌다. 예를 들어 민가에서 가장 많이 쓰인 서까래의 굵기는 4치이다. 그러면 추녀의 두께는 6치~7치 정도로 쓰였다는 것을 알 수 있다.

㉡ 추녀의 춤은 처마 부분의 마구리와 주심도리 부분, 추녀 뿌리 부분의 단면이 각각 다르다. 추녀 재목를 선택할 때 추녀곡 만큼 적당히 휘어진 부재를 구해서 쓰면 좋지만, 산에 가서 목재를 직접 벌목하지 않는 한 그렇게 간단한 일은 아니다.

중요한 것은 곡재나 직재 가릴 것 없이 추녀곡이 나오는 목재를 구하는 일이다. 춤이 가장 높은 주심도리 왕찌 부분이 1자 4치 정도는 나와야 추녀곡 1자를 잡아 나갈 수 있다.

㉢ 추녀의 내목 길이(내장)와 외목길이(외장)는 장연 외목이 4자이고 장연 물매가 4치 물매라면 계산은 다음과 같다.

- 내목길이 $C^2 = (4\sqrt{2})^2 + 1.6^2$ → 밑변이 4자의 대각이고

  $C = \sqrt{32 + 2.56}$ 높이는 4자의 4치물매인 1자6치가 됨.

  $C \fallingdotseq 5.88$(5자8치8푼)

- 외목길이 $C^2 = (5\sqrt{2})^2 + 1^2$ → 밑변에 안허리곡 1자를 더한 값의 대각,

  $C = \sqrt{50 + 1}$ 높이는 앙곡 1자로 계산해야 함.

  $C \fallingdotseq 7.14$(7자1치4푼)

㉣ 추녀의 총 길이(총장)는 내목길이+외목 길이+추녀 뒤초리(1자5치)+추녀코(3치)를 포함하여 여유분을 두어 산정하면 된다.

(6) 추녀의 치목순서

㉠ 부재를 길이에 맞게 심먹을 놓고 4면 대패질 한다.

㉡ 추녀 뒤초리(뒷뿌리) 부분은 길이를 1자5치 남겨야 하므로 먼저 먹선을 그린

다. 또한 뒤초리 마구리 높이는 최소 5치 이상을 남겨야 한다.(중도리지점)

㉢ 뒤초리 선에서부터 추녀 내목길이에 해당하는 먹선을 친다.(주심도리지점)

㉣ 내목길이에서 평고대 지점의 외목길이를 찾아 먹선을 친다. 이때 추녀곡을 동시에 반드시 고려하여야 한다.(평고대지점)

㉤ 1개의 추녀 재단이 완성되면 합판에 도안을 떠서 현치도를 작성한 후 나머지 추녀의 재단을 동일하게 본뜨기하여 쓰면 편리하다.

㉥ 먹선에 맞추어 치목을 한다. 처마쪽 마구리는 게눈각으로 조각하여 마무리한다.

㉦ 추녀 내목 밑면은 평평하게 깎고 외목 밑면은 약간 둥글게 모를 내어 깎아준다.

㉧ 추녀 외목 끝부분은 평고대를 끼울 수 있게, 평고대 앉을 자리를 그랭이질하여 1치 정도 따내어 밀리지 않게 한다. 이때 추녀코는 3치 정도 남긴다.

나. 사래의 치목

사래는 부연을 시공하는 겹처마 건물에서만 볼 수 있는 부재이고 추녀 위에 조립된다. 치목은 먼저 평고대 초매기 자리를 위해 밑면을 따내야 하고 평고대 이매기가 밀리지 않게 윗면에도 홈을 따내야 한다.

처마의 곡률은 이미 추녀에서 잡았기 때문에 사래는 부연에 맞추어 외목은 1자$\sqrt{2}$, 즉 1자4치와 내목 2자 정도로 계획하면 된다. 이때 사래코 3치도 더한다. 사래의 두께는 추녀와 같고 춤은 두께보다 약간 크게 한다.

다. 평고대의 치목

장연 외목 끝에 시공하는 평고대를 초매기, 부연 끝에 시공하는 평고대를 이매기라 한다. 평고대는 장연이나 부연 외목 끝에 연정으로 고정하고 다시 추녀나 사래 끝에 연결하여 자연스러운 지붕곡선을 만들어 가는 부재이다.

특히 선자연 위의 평고대는 휨이 커서 미리 휘어진 목재를 찾아 계획하는 것이 중요하다. 치목 전에 휜 상태를 확인하고 물을 뿌려 무거운 돌로 하중을 가하여 인위적인 곡률을 만들어 많이 사용한다.

또한 평고대의 이음은 선자연 쪽은 반드시 피해야 하는데 이는 곡선이 각을 이루지 않고 매끄럽게 하기 위함이다.

평고대의 크기는 보통 2치×3치, 3치×3치 정도를 쓰고 길이는 건물 규모에 따라 다르다.

(1) 치목 순서

㉠ 평고대는 휜 부재를 사용하거나 자연스럽게 휘어 사용한다.

㉡ 개판에 조립되는 평고대 안쪽은 개판 두께의 절반(5푼)을 깊이 5푼으로 길게 따내야 한다. 이는 개판을 홈에 끼워 판재의 건조 수축과 뒤틀림을 방지하기 위함이다. 또한 처마 밑에서 보이는 마감면 이기 때문이기도 하다.

㉢ 평고대 윗면은 부연을 조립할 수 있도록 5푼 정도로 경사지게 치목한다.

㉣ 평고대 이음은 연귀반턱이음을 하는데 선자연 위를 지나 장연 위에서 이어야 한다.

㉤ 추녀와 사래 위에 조립되는 부위는 평고대가 밀리지 않도록 홈을 파서 고정해야 한다.

라. 서까래의 치목

(1) 서까래의 배열

살림집 한옥에서는 4치 지름의 서까래를 건물의 중심에서 1자의 간격으로 배열

한다. 처음부터 주칸의 간살이를 자단위로 배열했기 때문에 가능한 일이다. 선자연 막장과의 간격이 5치가 나오지 않도록 배열에 신중을 기해야 한다.

전통방식은 처마의 앙곡과 안허리곡에 맞추어 서까래의 곡을 하나하나 나이먹여야(차이를 일일이 기록하는 것) 하는데 이는 보통 100여 개가 넘는 부재를 일일이 그 곡을 확인해야 하므로 시간이 너무 많이 걸리는 작업이라 할 수 있다. 물론 이런 작업을 통해 시공을 하면 한옥의 앙곡과 안허리곡이 자연스러워 그 아름다움이 배가 될 것이다.

현재는 곡률이 없이 일자로 된 완제품을 길이만 맞추어 구매하고 시공하는 것이 대부분을 차지하고 있다. 한옥의 공기 단축과 공사비 절감을 함께 고려하여 진행하는 것이 현명한 방법이라 할 수 있겠다.

(2) 서까래 좌판

처마는 앙곡과 안허리곡이 동시에 곡선을 그리면서 이루어지는데 이를 잡아가기 위해서는 장연의 외목의 곡을 조절해 나가야 한다.

서까래 부재의 수량은 너무 많고 원형으로 되어 있어 먹을 정밀하게 놓기도 어려워 다른 부재처럼 정밀하게 치목하는 것은 쉽지가 않다. 그래서 선조 목수들이 서까래 좌판을 만들어 사용해 온 것이다. 좌판은 정확히 1:1 비율로 만들어진다. 중도리 지점, 주심도리 지점, 평고대 지점의 3지점을 기준으로 좌판을 재작한다.

장연을 좌판 위에 올려놓고 휘어진 곡선의 크기에 따라 나이를 먹인다. 곡이 큰 것은 선자연 쪽으로 배치를 하고 곡이 작은 것은 건물 중앙에 배치하도록 한다. 물론 서까래 현촌도를 작성하여 각각의 숫자를 미리 파악해 놓아야 하는 것은 당연하다.

좌판은 받침판, 중도리와 주심도리 위치에 놓이는 고임목, 그리고 선대로 구성된다. 선대에는 서까래 지름 4치 이상의 치수를 기입해 놓아야 곡률을 표시할 수 있다. 또한 선대의 기울기는 10:1로 기울이는 것이 정석이라 할 수 있다. 이것은 서까래 마구리면이 집 앞에서 보면 원형으로 보이지 않고 타원형으로 보이는데 이를 보정하기 위해서이다.

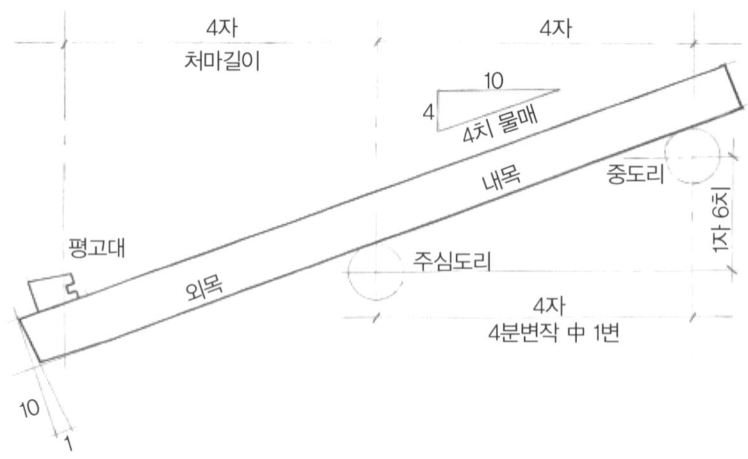

⑶ 장연의 치목

㉠ 앙곡과 안허리곡에 의해 장연은 건물 중심에서 추녀쪽으로 갈수록 길이와 곡이 달라진다.

㉡ 원목이 들어오면 탈피 작업을 하고 양 마구리를 길이보다 여유 있게 자른 뒤 초벌 대패질을 한다.

㉢ 초벌이 끝난 목재를 좌판 위에 놓고 내목과 외목 지점을 표시한 후 휘어진 정도에 따라 나이를 먹인다.

㉢ 좌판 경사(10:1)에 맞추어 마구리 경사를 그린다.

㉣ 먹선에 따라 자르고 마구리에 4치 지름의 원을 그리고 지름에 맞게 대패질한다.

㉤ 장연의 외목은 보통 1자~2자 길이만큼 소매걷이를 하고 손대패로 마무리한다.

장연의 내목길이, 외목길이, 총장의 계산은 다음과 같다.

양통(보방향)이 16자 건물을 4분변작 할 경우 1변이 4자이다. 또한 장연의 물매를 4치 물매로 계획했을 때 예를 들어보자.

(이때 내목 수평길이가 4자이면 외목 수평길이(처마길이)의 최대 길이는 4자 이하로 구성되어야 안정적인 구조를 계획할 수 있다.)

• 동자주 높이 H = 4(밑변)×0.4(물매)

H = 1.6(1자6치)

• 내목길이 $C^2 = 4^2 + 1.6^2$

$C = \sqrt{16 + 2.56}$

$C \fallingdotseq 4.3$(4자3치)

외목길이(외장)는 내목길이(내장) 계산과 동일하다.

장연 총길이(총장)은 내목길이와 외목길이, 뒤초리 5치 정도의 여유를 더해 계획한다.

(4) 단연의 치목

단연 치목은 곡이 없으므로 길이에 맞게 4치 원형으로 깎아주면 된다.

마. 선자연의 치목

중도리 왕찌 부분을 꼭지점으로 하여 추녀 끝 부분에서 부챗살 모양으로 나열한 서까래를 선자연이라 한다. 선자는 한자로 '扇子(부채선, 아들자)'라고 쓰인다.

중도리 왕찌에서 부채 모양으로 배열된 서까래를 뜻하는 것이다. 이렇게 정식으로 선자연을 걸어서 나가는 방식을 '정선자'라 부른다. 또한 추녀 옆 볼에 장연과 나란히 걸어 나가는 '나란히 선자연', 그 중간 정도 경사를 두는 '말굽 선자연'으로 나뉜다.

일본에서는 정선자 없이 나란히 선자를 쓰고 중국에서는 말굽 선자를 많이 사용한다. 우리나라에서만 볼 수 있는 정선자는 말굽선자와 함께 많이 쓰인다.

(1) 선자연의 구성

㉠ 선자연은 장연보다 더 길고 크며 곡재를 사용하는 것이 좋다. 선자연은 갈모산방 위에 놓이는데 초장에서 막장까지 그 길이와 곡이 모두 다르므로 여유 치수를 두고 제재해야 한다. 문화재표준시방서를 보면 선자서까래는 평연보다 1치~2치 정도 굵은 목재를 사용한다고 되어 있다.

㉡ 먼저 도리 중심에서 추녀 끝을 기준으로 선자 나누기를 한다. 민가에서는 선자연을 보통 총 8장~9장을 주로 사용한다.

㉢ 선자연의 초장은 반원으로 치목하여 추녀 옆 볼에 붙여야 한다.

㉣ 초벌깎기한 선자연을 현장에서 직접 대어보고 틈이 생기지 않도록 2장, 3장 순으로 조립하며 치목한다.

선자연을 치목하기 위해서는 변수를 하나하나 기록하고 선자도를 그려 시공해야 한다. 하지만 여러 각도를 고려하여 치목에 신중을 기하여야 실제 조립 시 정확성을 높일 수 있다.

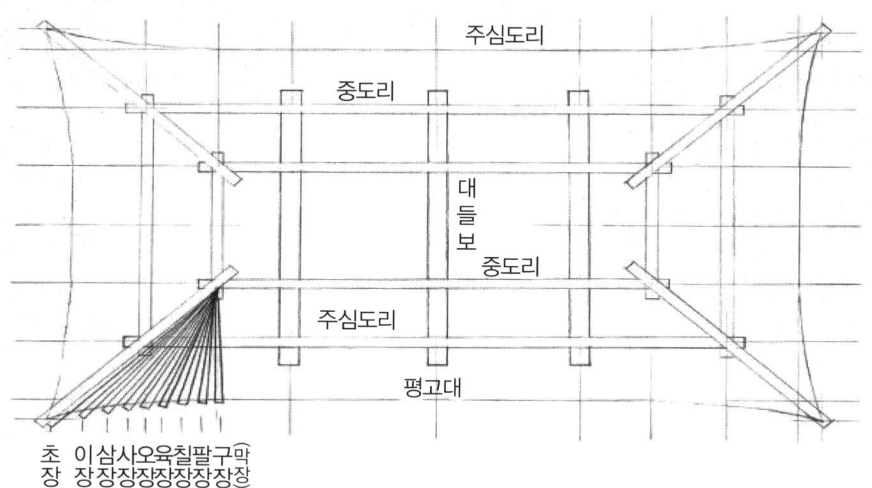

⑵ 선자 구성의 이해

선자연을 치목하기 위해서는 3곳의 지지점과 총장, 내장 그리고 4변수의 통, 곡, 경사, 회사를 이해해야 한다. 그 변수를 작업 양판에 기록하고 선자도를 제작하는 일은 그리 쉬운일이 아니지만 정선자 시공을 위해서는 꼭 알아야 한다.

양판의 기록을 보고 재단하고 치목하여 갈모산방 위에 선자연을 설치하더라도 여러 변수들이 있어 정확하지는 않다. 하지만 실제로 집을 지으면서 선자 작업을 진행할때 초벌 가공한 선자서까래를 들었다 놓았다 반복하면서 현장 재벌 깍기하여 시공하기 때문에 문제가 되지 않는다.

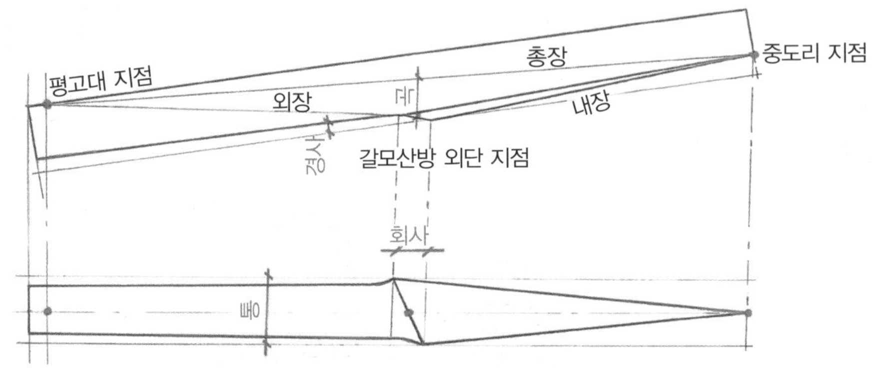

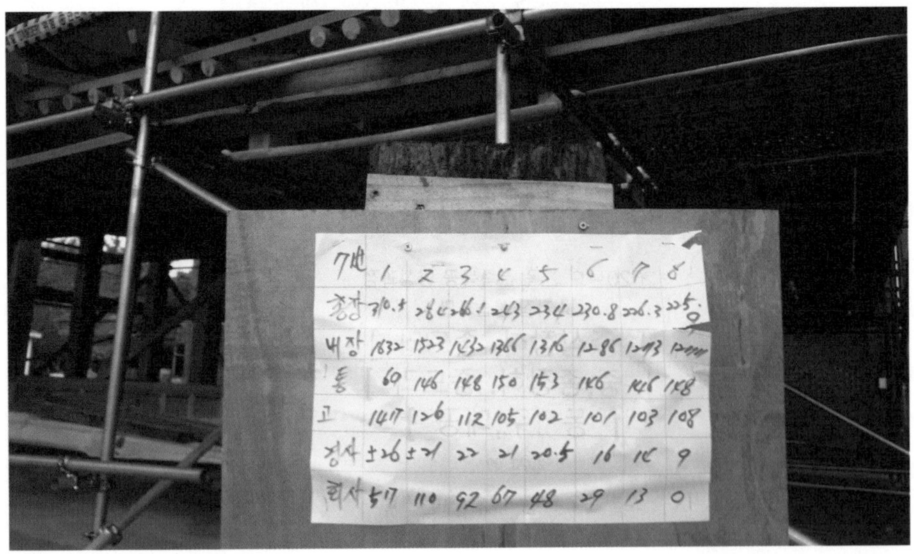

[illegible]	1	2	3	4	5	6	7	8
총장	310.5	284	266.1	263	234	230.8	226.3	225.0
내장	1632	1523	1432	1366	1316	1286	1243	[illegible]
통	60	146	148	150	153	146	146	148
고	147	126	112	105	102	101	103	108
경사	±26	±21	22	21	20.5	16	16	9
회사	517	110	92	67	48	29	13	0

• 양판

(3) 선자연 나누기

선자나누기는 우선 추녀 옆볼에서 직각으로 평고대 끝면까지 거리를 초벌로 1자씩 기록한다. 기록한 선자 막장의 남은 거리를 감안하여 다시 9치~1자 1치 사이로 동일하게 나누어 재벌 기록하면 된다. 이때 선자를 8장으로 구획할지 9장으로 구획할지를 정하면 된다.

• 선자 나누기 1

• 선자 나누기 2

(4) 선자연의 3개 지지점

추녀와 장연의 부재처럼 선자서서까래도 3지지점으로 지지가 되어 부채살 모양으로 펼쳐 조립된다.

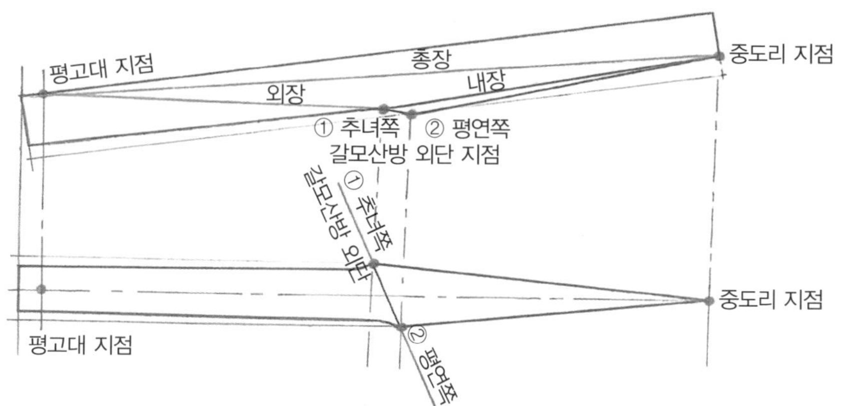

① 중도리 지점

② 갈모산방 외단 지점

③ 평고대 지점

•지지점

(5) 선자연의 길이 – 총장, 내장, 외장

선자연은 부채살 처럼 펼쳐지기 때문에 길이가 모두 다르다. 선자연은 중도리지점에서 평고대지점까지가 총장이고 갈모산방 외단선에서 내장과 외장으로 구분한다.

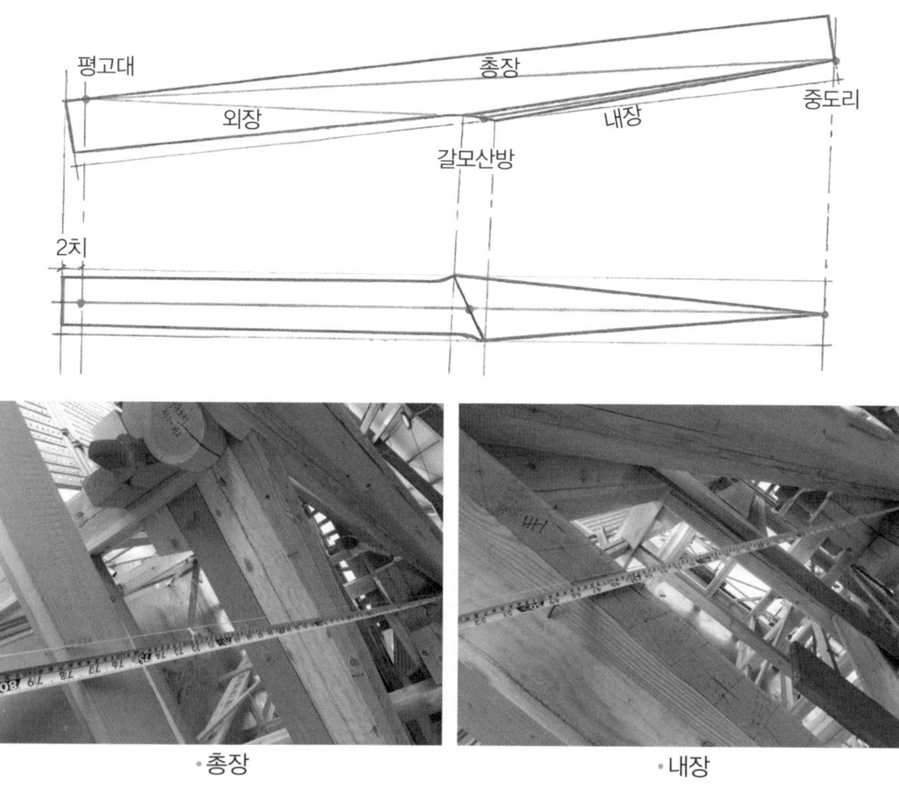

• 총장

• 내장

• 선자 중심선

⑹ 선자연의 통

선자서까래는 갈모산방에서 틈이 없이 시공한다. 틈이 없이 시공하려면 사각모양으로 치목하여야 하는데 이 두께를 통이라고 한다.

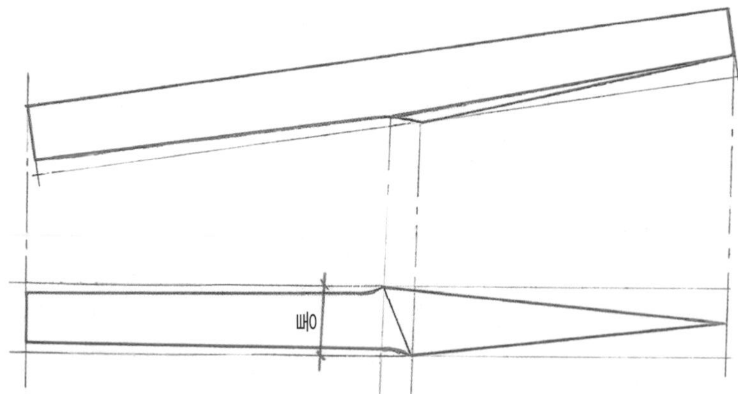

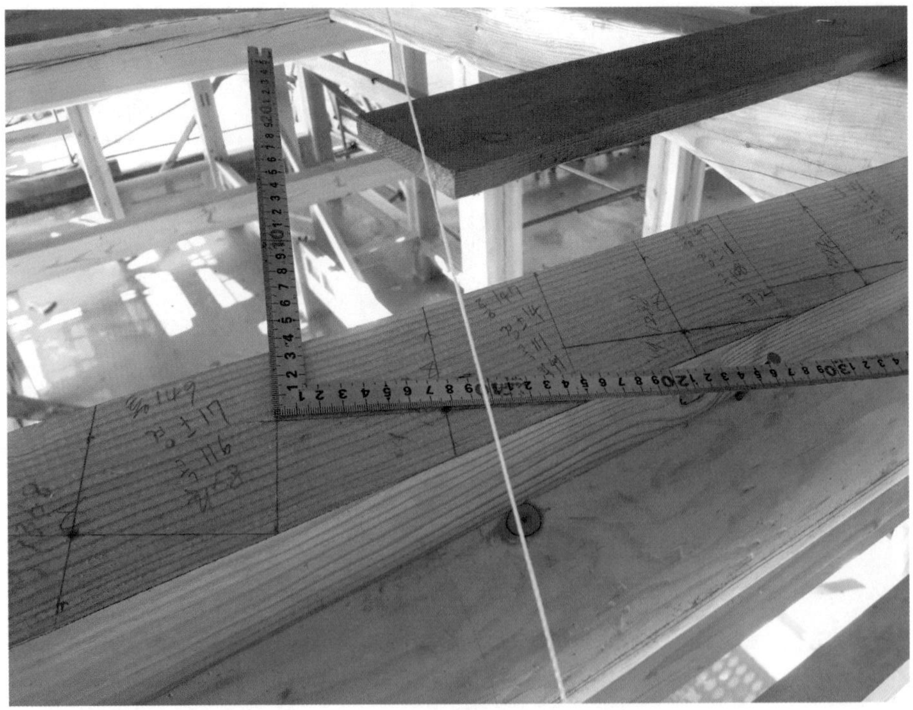

•통

(7) 선자연의 곡(曲 – 굽을곡)

선자연의 곡은 갈모산방 외단선부분 선자 춤을 말한다. 즉 중도리와 평고대 선에서 갈모산방까지의 높이이다.

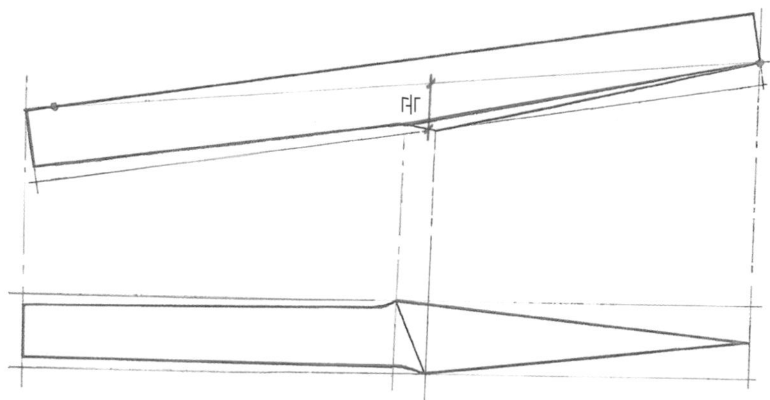

•곡

(8) 선자연의 경사(傾斜 – 기우러질 경, 비낄 사)

선자연은 갈모산방 위에 놓이는데 갈모산방 부재는 평연쪽으로 경사지게 치목하고 조립되어 그 경사에 맞게 선자 밑부분이 치목되어야 한다. 이렇게 비스듬한 부분을 경사치수라고 한다.

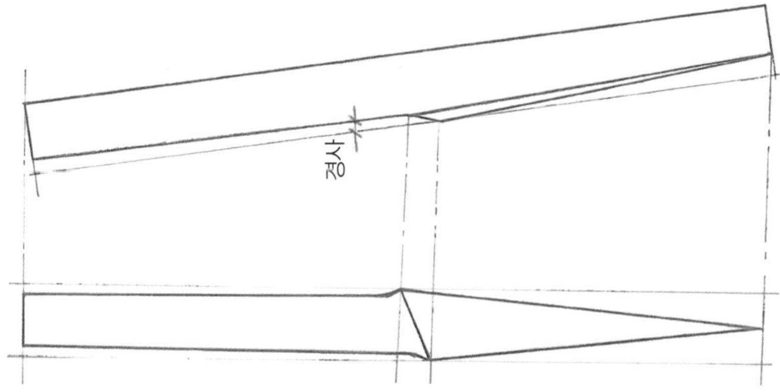

• 경사

⑼ 선자연의 회사(回斜 – 돌아올 회, 비낄 사)

선자서까래는 45도로 펼쳐지기 때문에 갈모산방 외단선과 만나는 선이 경사지게 되어있다. 그 경사면이 각각의 선자연 회사가 되는 것이다.

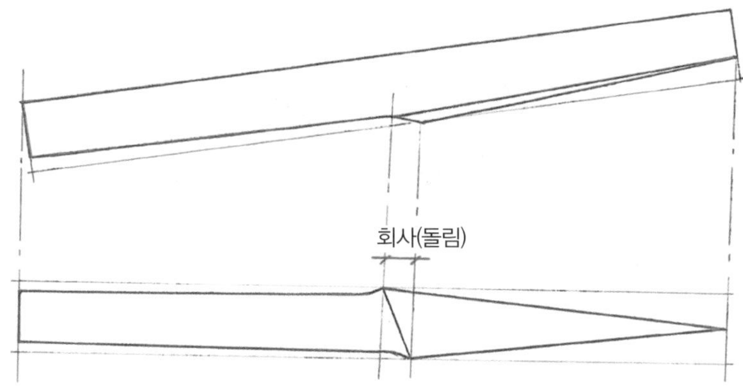

• 회사

바. 부연의 치목

부연은 곡이 없이 장연 위에 나란히 조립된다. 좀 더 정확히 말하자면 장연 개판 위, 평고대 초매기 위에 조립된다. 부연의 크기는 장연 직경보다 작은 것을 사용하는데 보통 3치×4치 정도가 많이 사용된다.

부연의 길이는 외목이 1자이고 내목은 2자로 1.5~2배 정도이다. 내목은 밑면을 경사지게 잘라내는데 이는 조립 후 처마가 하늘 방향으로 들어 올려지도록 만들기 위함이다. 장연의 물매가 4치였을 때 부연의 물매는 2치 물매 정도가 이루어진다.

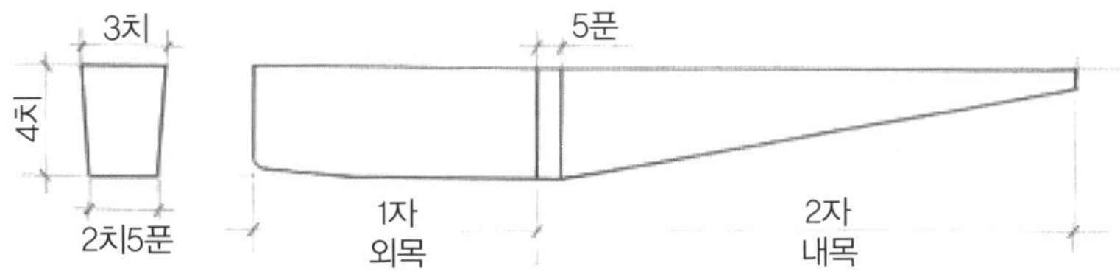

(1) **부연(벌부연) 치목 순서**

㉠ 긴 부재를 들여와 설계 치수에 맞게 4면 대패질 한다.

㉡ 길이에 맞추어 경사지게 자른다.

㉢ 정면 마구리 부분은 먼저 밑면을 살짝 굴려주고 옆 볼은 사라리꼴 모양으로 비스듬히 대패질하여 마무리한다.

㉣ 부연의 외목 끝 지점 양볼에 부연 착고를 끼울 수 있도록 5푼×5푼 홈을 톱과 끌을 이용하여 따낸다.

㉤ 마무리 대패질로 면을 고르게 한다.

(2) **선자부연(고대부연)**

선자연 위에 선자연 각도와 동일하게 조립되는 부연을 선자부연이라 한다. 사래 옆볼에 초장을 붙이고 2장, 3장 순으로 조립해 나간다.

선자부연의 치목은 일반 부연과 동일하나 그 길이는 약간 길게 해야 한다. 그 이유는 부재가 경사지게 놓이므로 길어지기 때문이다. 또한 선자부연은 부연착고 홈을 미리 치목하지 않고 조립 시 평고대 초매기 자리에 맞추어 따낸다. 이 또한 부재가 경사지게 놓이기 때문에 선작업이 불가능하기 때문이다.

사. 목기연의 치목

합각부를 구성하는 부재는 박공널(합각널), 목기연, 집우사(집부사) 등이다. 목기연은 겹처마에 들어가는 부연의 모습과 같다. 다만 뒤초리 경사진 방향이 반대로 윗면을 경사지게 자른다는 것이 다르다.

아. 박공널의 치목

박공널(합각널)은 건물의 양 측면에 조립되는 부재이다. 합각부의 부재들은 외부에 노출되는 부재이므로 이어 사용하지 않고 단일 부재로 사용해야 한다. 특히 박공널과 같이 넓은 널 부재는 건조 수축과 뒤틀림이 다른 부재보다 심하므로 단일 부재를 사용하는 것이 유리하다. 또한 두께도 너무 얇지 않은 1치 5푼 정도를 사용해야 한다.

먼저 제재한 박공널을 4면 대패질하고 1자~1자 5치 간격으로 목기연 자리를 재단하고 톱과 끌을 이용하여 따낸다. 또한 풍판과 풍판 쫄대를 이용하여 삼각부 부분을 막기도 하고 와담처럼 흙벽을 쌓거나 벽돌을 쌓아 마감하는 경우도 있다. 맞배지붕의 박공널은 게눈각을 조각하여 단조로움을 보강한다.

제 8 부

8 몸체부의 조립

치목이 완료되면 목재의 변형이 일어나기 전에 시간을 두지 않고 바로 조립에 들어가야 한다. 보통 생재를 사용하기 때문에 치목한 지 한두 달만 지나도 목재의 건조수축과 갈라짐, 뒤틀림으로 장부의 직각이 틀어지면서 조립이 거의 불가능해지기 때문이다. 그래서 목재의 건조는 치목 전 원목 상태에서 이루어져야 한다.

치목이 끝난 부재 하나하나를 결구하여 건물의 골조를 세우는 일을 조립이라고 한다. 초석 놓기가 끝나고 치목이 마무리되면 기둥 세우기(입주)부터 시작하여 조립에 들어간다. 조립은 크게 두 부분으로 나뉘는데 몸체부의 조립과 지붕부의 조립이다.

전통목구조는 중력 방향에 대해서 각 부재를 적층시켜 나가는 것이 기본이다. 즉 아래부터 위로 차곡차곡 쌓아 올라가는 것이 조립의 순서이다.

한옥의 몸체부 조립 순서는 다음과 같다.

주초석 ▸▸ 평주 ▸▸ 고주 ▸▸ 익공 ▸▸ 창방 ▸▸ 주두 ▸▸ 소로 ▸▸ 소로방막이 ▸▸ 주심장여 ▸▸ 툇보 ▸▸ 대들보 ▸▸ 측보 ▸▸ 주심도리 ▸▸ 동자주 ▸▸ 종보 ▸▸ 중장여 ▸▸ 중도리 ▸▸ 대공 ▸▸ 종장여 ▸▸ 종도리

가. 기둥 세우기

(1) 현장이송

치목이 끝난 부재들은 목재가 상하지 않게 조심히 적재한 후 현장으로 이송한다. 특히 장마철 빗물에 노출되는 곳이 없도록 유념해야 한다.

(2) 기둥 세우기 순서

㉠ 기초 위에 설계도면과 일치하는 기둥 자리를 찾아 간살이에 맞게 직각으로 먹선을 놓은 후 초석을 놓는다.

㉡ 모든 주초석에 심먹을 놓는다. 수평 규준틀 선에 맞추어 목심을 고인 다음 무수축 모르타르를 초석 밑에 채우고 양생시킨다.

㉢ 정면 왼쪽 주초석을 기준으로 반시계방향으로 돌아가며 번호를 매긴다.

㉣ 자연석 초석일 때는 초석 상단에 수평선과의 오차를 측정하여 기록해 둔다. 이것은 기둥 밑면 덤길이에 반영할 수치이다.

㉤ 기둥을 주초석 위에 세우고 다림보기(수직확인)를 하고 양쪽 가세를 이용하여 고정한다.

㉥ 주초석 상면과 기둥 밑면 틈이 생기는지 확인한 후 그랭이질을 한다.

㉦ 그렝이질 한 기둥은 다시 누여 먹선을 따라 끌로 다듬는다. 이때 기둥 밑면의 중앙부는 약간 움푹하게 파내어 초석과 기둥이 완전히 밀착되게 한다. (옛 선조들은 기둥의 중앙 파인 부분에 방습, 방부, 방충을 위하여 소금과 숫가루를 넣어 사용해 왔다. 주술적 의미로 엽전을 넣기도 하였다.)

㉧ 기둥을 다시 세워 초석의 심먹과 기둥의 중심선을 일치시킨 후 정확하게 2차 다림을 본다. 완성되면 가세로 고정한다.

(3) 다림보기

기둥 중심선에 맞추어 직각 방향으로 2개의 정추를 달고 양쪽으로 가세를 고정한다. 한 사람은 기둥의 추를 보면서 중심선과 일치하는지 확인하고 가세를 잡고 있는 사람에게 지시한다. 다른 두 사람은 가세를 밀었다 당겼다 하면서 기둥이 수직이 되도록 한다. 정추가 기둥 중심선과 일치하면 기둥 밑둥에 쐐기를 꽂아 고정하고 그렝이질 한다. 이때 반드시 모든 기둥 상면의 높이가 같게 해야 한다.

⑷ 인방재의 선조립과 후조립

인방재는 하인방, 중인방, 상인방, 문선, 창선, 벽선 등을 말하며 한옥의 벽체를 구획하는 부재를 뜻한다. 이 인방재는 골조의 조립이 끝나고 기와 공사가 끝나면 비에 영향을 받지 않고 조립하는 후조립 방식을 써왔다. 하지만 현대에는 크레인이나 지게차 같은 장비의 발달로 기둥을 조립할 때 번호 순서대로 주칸 하나하나의 인방을 결구하여 조립하는 선조립 방법을 많이 사용하고 있다.

(5) **귀솟음과 안쏠림**

㉠ **귀솟음** 기둥 높이가 같으면 집 앞에서 볼 때 귓기둥 쪽이 처져 보인다. 이런 착시를 교정하기 위해 집의 중심에서 밖으로 갈수록 기둥을 조금씩 높여 쓰는 기법이 바로 귀솟음이다.

㉡ **안쏠림** 안쏠림은 귓기둥을 정확히 수직으로 세우지 않고 안쪽으로 조금 쏠리게 세우는 기법이다. 양 끝의 기둥이 벌어져 보이는 시각적인 안정감도 잡아주고 구조적으로 안정성을 강화할 수 있는 기법이라 할 수 있다.

하지만 이 기법들은 옛날에 중장비 없이 기초의 지정을 사람이 다져 견고하지 못한 지반에 건물을 지을 때 사용해 왔고 현대에는 궁궐이나 사찰의 문화재를 제외하고 살림집 한옥에서는 사라진 기법이다.

• 완주 화암사 극락전(귀솟음)

•서산 개심사 대웅전(안쏠림)

(6) 사괘맞춤

기둥머리에 익공과 창방을 조립할 수 있게 암장부로 치목하는 것을 사괘(사개머리, 화통가지, 사파수)라 한다. 사괘에는 익공이 곧은장으로 결구되게 5푼 턱을 주어 가공하고 직각 방향은 양쪽 창방이 주먹장으로 결구되게 가공한다. 창방의 주먹장은 5푼 턱을 주어 가공하기도 한다.

(7) 주먹장맞춤

주먹처럼 머리가 넓고 목이 좁아 양부재를 인장력으로 잡아주는 장부를 말한다. 압축력이나 전단력이 과한 부재는 반력을 키우기 위해 통으로 물리고(5푼턱) 주먹장을 넣는 통넣고주먹장(턱걸이주먹장)맞춤을 사용하기도 한다.

나. 익공 조립

(1) 조립 순서

㉠ 익공의 양볼은 기둥과 조립될 수 있게 5푼 턱을 곧은장으로 따내고 기둥 사괘에 조립된다.

㉡ 팔작지붕 귓기둥에는 익공이 아니고 귀창방 뺄목이 반턱맞춤으로 조립된다.

㉢ 조각된 익공은 부재가 상하지 않게 조심하여 설구해야 한다.

㉣ 익공을 먼저 조립하는 이유는 익공의 턱이 기둥 사괘를 잡고 있어 창방 주먹장 조립 시 부재가 터지는 것을 방지하기 위함이다.

다. 창방 조립

창방은 기둥을 세우고 서로의 기둥을 고정시켜 구조를 안정되게 하는 부재이다. 창방의 크기는 기둥과 직접적으로 결구되어 시각적으로 기둥의 크기와 관련이 있다고 할 수 있다.

옛날 궁궐 목수들의 기법을 보면 '창방은 기둥 굵기 정도의 춤에 두께는 기둥 굵기보다 조금 작다'고 전해 온다.

(1) 조립 순서

㉠ 창방의 주먹장은 기둥 사괘에 조립된다. 주먹장 밑면의 재단선을 죽이고 윗면의 재단선은 살려 조립 시 좀 빡빡하게 조립한다.

㉡ 조립 시 양쪽을 동시에 목메로 때려가며 천천히 조립해야 사괘가 터지지 않는다.

라. 주두와 소로 조립

(1) 조립 순서

㉠ 익공과 창방이 조립된 기둥 사괘 위에 주두를 놓는다. 주두 경사면은 익공이 결구될 수 있도록 경사진 턱을 주어 조립한다. 직각 방향으로는 소로방막이가 결구되는데 이 또한 턱을 주어 조립한다. 이때 주두와 소로 부재의 마구리면이 건물 측면 쪽, 즉 도리방향을 향하게 치목하고 조립해야 대들보의 수직 하중으로 인한 쪼개짐을 막을 수 있다.

㉡ 소로의 배치는 창방 중심에서 1자5치~2자로 나누어 일정한 간격으로 배치해야 한다. 간격이 결정되면 중심선에 은못 구멍을 뚫고 은못을 박아 고정한다. 양옆 경사면에는 소로방막이가 결구될 수 있게 턱으로 처리하고 조립 한다.

㉢ 주두와 소로, 소로와 소로 사이는 소로방막이를 끼워 넣는데 빈틈이 없이 조립해야 한다. 때에 따라 홈을 길게 내어 목심을 끼거나, 신축 가능한 조인트용 실리콘을 발라 방풍을 극대화 시키기도 한다.

마. 주심장여 조립

장여는 도리 밑에 결구되어 도리가 받는 하중을 직접적으로 분담한다. 지붕의 큰 하중을 도리와 함께 받아내는 역할을 하는 것이다. 이것은 결국 도리의 춤을 키우는 모양과 같다 할 수 있다. 장여의 두께와 춤은 수장재와 같거나 비슷한 비율을 보인다.

(1) 조립 순서

㉠ 장여를 소로 양갈 위와 주두 사갈 위에 정확히 조립한다.

㉡ 주두 위에서는 제혀 주먹장으로 결구되어 장여의 이음을 견고하게 하고 또한 보의 숭어턱 밑면을 한 번 더 받치는 역할을 한다.

㉢ 귀장여는 엎힐장, 받을장 반턱맞춤으로 결구한다.

㉣ 굴도리일 경우 장여의 상면은 도리와 맞게 둥글게 조립되도록 한다.

바. 대들보·툇보·측보 조립

(1) 조립 순서

㉠ 보는 숭어턱 부분이 주두 위에서 조립된다. 주두의 운두 부분, 장여의 턱 부분과 폭까지 정확히 맞아 떨어져야 결구가 가능하다.

㉡ 고주가 있는 건물 구조라면 툇보와 대들보를 고주에 가름장으로 조립한 후 빠지지 않게 산지를 박아 고정한다.

㉢ 측보는 대들보 몸통에 턱걸이주먹장으로, 반대쪽은 측면 평주에 조립한다.

㉣ 보는 부재가 커서 무게가 상당하므로 특히 안전사고에 유념해야 한다. 옛날에는 목수가 직접 목도로 운반 조립하는 경우가 많았지만, 지금은 중장비를 사용하는 경우가 더 많다.

㉤ 보는 목메를 이용하여 때려 조립하는데 주두의 운두부분이 너무 빡빡하면 부러질 염려가 많으므로 신중을 기해야 한다.

㉥ 또한 크고 무거운 보를 조립하다 보면 기둥이 주초석 중심에서 벗어날 수도 있다. 이때는 메를 이용하여 다시 정위치 시켜 가세로 고정한다.

사. 주심도리 조립

(1) 조립 순서

㉠ 도리는 조립이 아니라 장여 위에 놓는다고 해야 정확한 표현이다.

㉡ 굴도리일 경우 도리가 구르지 않게 밀착되도록 해야 하는데 장여와 접촉되는 도리의 밑면을 평활하게 깍거나 도리 곡률에 맞추어 깍아 조립하는 방

법이 있다. 납도리의 경우는 서로 평활하게 놓인다.

㉢ 평주 위 도리 마구리는 보 목의 숭어턱에 반턱 이음으로 놓인다. 상황에 따라 도리가 벌어지지 않도록 서로를 나비장 이음으로 결구하기도 한다.

㉣ 우주 위 도리 뺄목은 왕찌맞춤(반턱 연귀맞춤)으로 직각을 이루며 조립된다. 왕찌맞춤 연귀부분은 노출면이므로 틈이 없이 조립되어야 한다.

아. 동자주 조립

(1) 조립 순서

㉠ 동자주의 움직임을 방지하기 위하여 대들보 윗면에 동자주 위치를 찾아 5푼 턱을 파낸다.

㉡ 동자주 사괘는 가로로 중장여가 꽂히고 세로로 종보가 결구되도록 조립한다.

㉢ 동자주 사괘 머리는 굴도리가 조립되도록 둥글게 치목하고 조립한다.

자. 종보·중장여·중도리 조립

(1) 조립 순서

㉠ 종보를 동자주 사괘에 목메를 이용하여 먼저 조립한다.

㉡ 중장여는 종보와 직각 방향으로 조립되는데 빠지지 않게 주먹장을 이용하여 빡빡하게 조립한다. 상면은 도리에 맞추어 치목하고 조립한다.

㉢ 중도리는 주심도리와 동일한 방법으로 조립한다.

차. 대공·종장여·종도리 조립

(1) 조립 순서

㉠ 종보 상면 중심부에 대공 위치를 파악하고 은못 자리를 파고 끼운다.

㉡ 판대공으로 이루어진 4개의 대공을 은못으로 하나하나 연결하여 조립한다. 상단에는 종장여 이음부를 받칠 수 있는 소로를 조립한다.

㉢ 소로 위에서 장여는 제혀주먹장 이음으로 빠지지 않게 조립하고 합각부 뺄목 길이는 4분변작 중 1변의 반으로 정하여 치목하고 조립한다. 이 뺄목의 깊이로 합각부 삼각형 부분이 커지느냐 작아지느냐가 결정된다.

㉣ 마지막으로 종도리를 얹어 조립을 완성한다.

上樑

제 9 부

9 지붕부의 조립

전통 목구조의 지붕부 조립은 장부의 치목으로 결구되는 것이 아니라 각각의 부재를 정위치에 올려놓고 연정이나 추녀정으로 고정하는 방식이라 할 수 있다. 이때 가장 중요한 것은 모든 추녀의 높이를 일정하게 해야 하고 서까래의 배열도 정확히 나누어 배치하는 것이라 할 수 있다. 또한 갈모산방의 높이 조절도 중요하고 평고대의 자연스러운 곡률을 구사하는 것도 매우 중요한 작업이라 할 수 있다.

계획된 앙곡과 안허리곡에 맞추어 치목과정에서 내장, 외장, 총장, 추녀곡 등을 고려하여 치목이 완료되었기 때문에 조립과정에서는 얼마나 유연하게 처마곡선을 잡아가느냐가 관건이다.

지붕부재는 기준점이 3점으로 이루어진다. 첫 번째는 중도리 지점, 두 번째는 주심도리 지점, 세 번째는 평고대 지점이다.

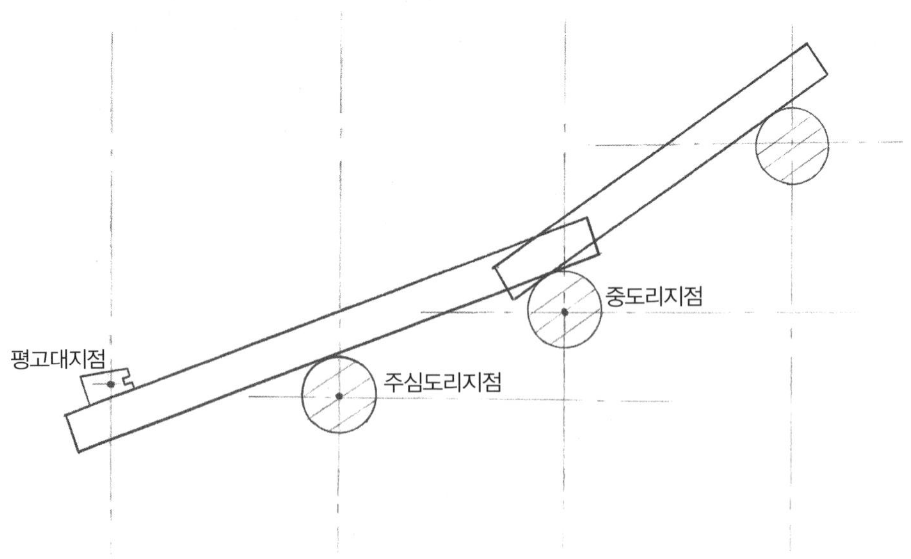

한옥의 지붕부 조립 순서는 다음과 같다.

추녀조립 ▸▸ 장연위치표시(1자) ▸▸ 중앙부 장연 ▸▸ 평고대(초매기) ▸▸ 양측 장연 ▸▸ 갈모산방 ▸▸ 선자연 ▸▸ 단연 ▸▸ 서까래 개판 ▸▸ 사래 ▸▸ 벌부연 ▸▸ 평고대(이매기) ▸▸ 선자부연 ▸▸ 부연 개판 ▸▸ 집우사(집부사) ▸▸ 풍판 ▸▸ 박공널(합각널) ▸▸ 목기연 ▸▸ 목기연 개판 ▸▸ 적심재

가. 추녀 조립

(1) 조립 순서

㉠ 추녀는 중도리 왕찌 위와 주심도리 왕찌 위에 조립된다.

㉡ 추녀를 올려놓고 중도리 왕찌부분과 주심도리 왕찌부분을 그랭이질해서 따낸다. 이때 그랭이칼의 높이는 1치~2치 정도가 적당하다.

㉢ 나머지 추녀도 같은 방법으로 그랭이질한 부위를 따낸다.

㉣ 모든 추녀의 높이가 같도록 수평을 보고 수정에 들어간다.

㉤ 수정이 끝난 추녀는 추녀정을 왕찌 위에 박아 고정한다. 또는 감잡이쇠나 꺾쇠를 이용하여 추녀와 도리를 연결하기도 한다. 이는 추녀 외목에 실리는 수직하중으로 추녀 뒤초리(뒷뿌리)가 들리는 것을 방지하기 위함이다.

㉥ 추녀 외목 끝은 평고대를 조립할 수 있게 추녀코를 남기고 턱을 따낸다.

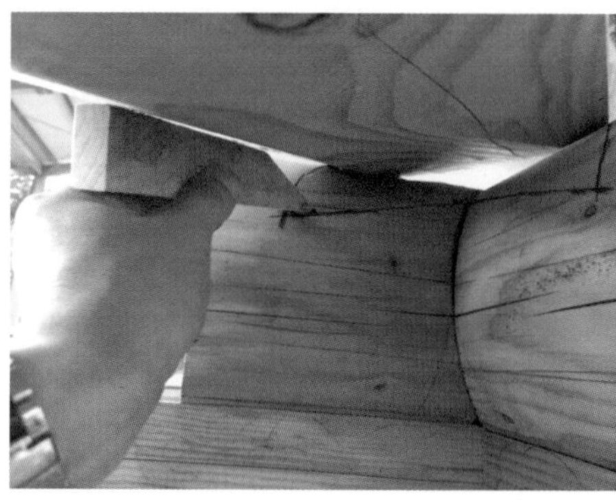

(2) 추녀곡을 늘리는 기법

계획된 추녀곡이 너무 크거나 단일 부재로는 추녀 부재를 만들기 힘들 때 사용했던 옛 기법이다. 먼저 추녀 밑을 알추녀라는 부재로 받쳐 추녀곡을 올리는 방식이 있고 또 하나는 추녀 끝에 덧부재를 대어 추녀곡을 확보하는 방식이다. 이 두 방식은 크고 긴 부재를 쉽게 구하지 못해 사용해온 옛 방식이다.

(3) 추녀 뒤초리(뒷뿌리) 처리

추녀는 구조적인 관점에서 보면 구조적으로 매우 취약하다. 지붕 외곽에 무게가 실리면 주심도리 밖으로 추녀가 뒤집힐 위험이 있다. 이때 외곽의 하중은 추녀뿐만 아니라 선자연의 외목과 기와시공에서도 상당한 무게가 실리는 것으로 보인다. 그래서 오래된 포식 건물에 추녀 끝을 받치는 긴 기둥의 활주가 생겨나기도 한다. 특히 겹처마에서 추녀 외목의 길이를 내목의 길이보다 길게 계획하는 것은 위험한 설계이다. 한옥을 계획하고 설계, 시공하는 도편수라면 이점을 꼭 기억해야 할 것이다.

보통 추녀를 고정하는 것은 추녀 뒤초리에 긴 추녀정을 박는 방식이다. 한자 못정(釘)을 붙여 서까래는 연정, 추녀는 추녀정이라 부른다. 이 방식은 목재가 건조 수축하면서 헐거워 빠지기 쉽다. 그래서 감잡이쇠나 꺽쇠를 이용하는 것이 유리하다.

나. 서까래와 평고대(초매기)

(1) 장연의 길이

한옥에서 처마의 깊이는 매우 과학적이다. 여름에는 처마 그늘이 주초석에 정확히 떨어져 뜨거운 햇볕을 효율적으로 차단한다. 그리고 겨울에는 햇빛을 최대한 깊이 받아들일 수 있게 처마가 하늘로 치켜 올라가 있다. 처마 끝과 방바닥의 각도를 60°로 유지하여 이것을 가능하게 하였다.

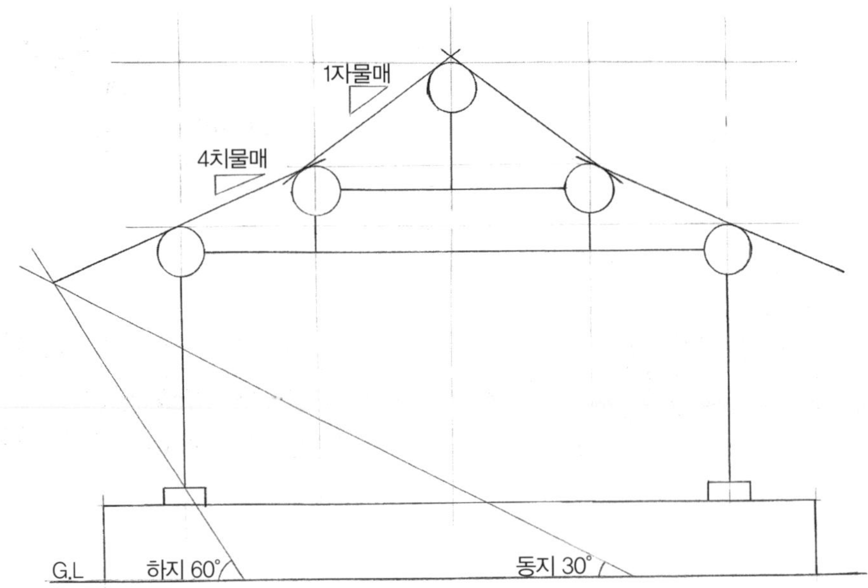

(2) 서까래의 간격

서까래의 간격은 일반적으로 1자 정도의 간격으로 배열된다. 일반적인 살림 한옥에는 4치 굵기의 서까래가 쓰였고 사찰이나 궁궐 같은 큰 규모의 건물에서는 6~7치의 굵기의 서까래가 쓰였다. 경복궁 근정전에 쓰인 서까래는 8치의 굵기로 쓰여 보통 살림 한옥의 기둥 크기의 부재가 서까래로 쓰인 것을 볼 수 있다. 당연히 처마의 깊이도 건물 규모와 비례하여 매우 깊다.

(3) 장연 조립 순서

㉠ 건물 중심을 기준으로 서까래 나누기를 하여 중도리와 주심도리에 표시한다. 이때 양 끝 부분이 5치가 남지 않도록 배치해야 한다.

㉡ 건물 중앙부에 장연을 먼저 연정으로 박아 고정한다.

㉢ 중앙의 장연과 양쪽 추녀를 연결하는 평고대를 시공한다. 평고대의 곡률은 밧줄 등을 이용하여 밑으로 잡아당겨 자연스럽게 조절한 후 고정한다.

㉣ 자연스러운 평고대 곡선에 맞추어 장연을 조립해 나간다. 장연과 평고대의 조립은 장연 끝 부분에서 1치5푼~2치 정도 들어와 고정한다.

㉤ 장연은 중도리와 주심도리 위, 평고대 위에서 연정을 박아 고정한다.

㉥ 평고대 이음은 선자연 쪽을 피해 장연 위에서 이음하고 평고대 끝은 추녀코에 1치 정도를 따내 고정시켜 처마곡선을 잡아간다.(매기잡기)

다. 갈모산방과 선자연 조립

(1) 갈모산방 조립

갈모산방은 선자연을 받치는 부재이며 선자연의 곡을 잡아주는 역할을 한다. 조립은 추녀 옆에 삼각형 모양으로 놓인다.

두께는 4치 정도이고 춤은 추녀코의 따냄 깊이 1치와 선자연 초장 곡 높이 5치를 추녀곡 1자에서 뺀 값인 4치 정도가 된다. 길이는 4분변작의 1변인 4자와 여유분 1자를 더한 5자 정도가 된다. 밑면은 도리와 밀착되게 둥글게 깎고 윗면은 4치 물매에 맞추어 경사지게 대패질한다. 추녀 밑 부분은 그랭이질하여 치목해 틈을 막아준다.

(2) 선자연의 조립

선자연의 배열 간격은 장연의 간격과 관계가 있다. 선자연 배열은 이질적인 느낌이 들지 않게 하는 것이 매우 중요하다. 장연의 간격이 1자이면 선자연은 막장에서부터 초장까지 평고대 부분에서 1자 정도로 조금씩 간격을 넓혀가는 계획이 필요하다. 즉 선자연은 추녀 쪽으로 갈수록 간격이 조금씩 늘어나 배열되는 것이다. 이렇게 배열하다 보면 살림 한옥에서는 보통 8장~9장으로 나뉜다.

㉠ 추녀 쪽 도리 위에 갈모산방을 높이 조절하여 고정한다.

㉡ 평고대 부분에서 선자나누기를 하여 각 장의 위치를 파악한다.

㉢ 선자연은 초장부터 2장, 3장… 막장까지 순서대로 조립한다. 평고대 선에 맞추어 초벌 가공한 선자연을 반복적으로 그랭이질과 치목을 해서 조립해 나간다.

㉣ 선자 초장은 반원으로 가공하여 추녀 옆볼에 고정한다.

ⓜ 초장에서 막장까지 밀착시켜 틈이 없이 마감하려면 상당한 시간을 투자해야 한다.

ⓗ 막장의 뒤초리는 조금 두껍게 치목하여 마무리한다.

(3) 선자연의 종류

선자연의 종류는 크게 3가지로 나눌 수 있다.

첫째, 중도리 왕찌 부분을 기준으로 부챗살 모양으로 펼쳐지는 정선자(정식선자)가 있다.

둘째, 기준이 되는 꼭지점이 상단으로 바뀌어 펼쳐지는 말굽선자(마족연)가 있고 셋째, 나란히 놓이는 나란히선자가 있다.

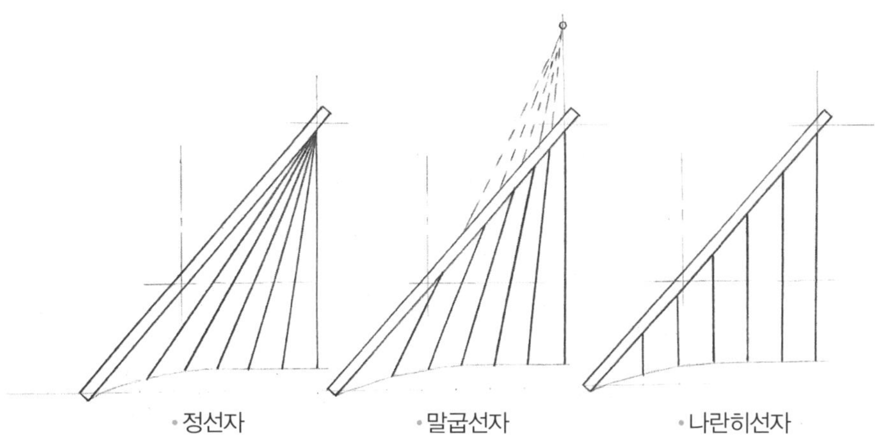

• 정선자 • 말굽선자 • 나란히선자

라. 단연 조립

(1) 조립 순서

㉠ 단연은 중도리와 종도리 위에 장연과 엇갈리게 조립한다.

㉡ 종도리에 단연의 간격을 표시하고 연정을 박아 고정한다.

㉢ 양 박공 쪽은 단연보다 긴 부재(집우사)를 배치하여 추녀 뒤초리 위에 고정시킨다. 추녀 뒤초리를 눌러줌으로써 안정적인 구조 형태가 되는 것이다.

㉣ 마지막 집우사는 엇갈리지 않고 반듯하게 하여 박공널을 조립할 수 있게 한다.

마. 서까래 개판 깔기

(1) 개판 조립

㉠ 개판의 두께는 1치, 넓이는 1자이고 길이는 서까래 길이에 맞추어 쓴다.

㉡ 장연 개판의 앞부분은 평고대 홈에 끼울 수 있게 5푼 턱을 주어야 한다.

㉢ 개판의 넓이는 서까래 간격과 같이 1자를 쓰는데, 이는 서까래 방향으로 배열하여 집안에서 이음이 보이지 않게 하기 위함이다.

㉣ 개판의 못은 거멀치기로 박아 판재의 수축 팽창에 대비한다.

ⓜ 옛날에는 판재를 얻기가 무척 힘이 들었다. 그래서 벽과 같이 산자엮기로 지붕면을 구획한 후 흙으로 덮는 경우가 많았다. 오래된 고택에서 볼 수 있다.

바. 사래 조립

(1) 조립 순서

㉠ 사래를 추녀 위에 얹어 놓고 외목길이에 맞추어 고정한다.

㉡ 이때 사래 밑부분은 평고대(초매기) 두께 만큼 그랭이질 후 따내어 조립한다.

㉢ 사래 윗부분은 평고대(이매기)에 맞추어 1치 홈을 파고 고정한다.

사. 부연과 평고대(이매기)

(1) 조립 순서

㉠ 중앙 부위의 부연을 먼저 서까래 위치와 동일하게 놓고 고정한다.

㉡ 양쪽 사래와 중앙 부연을 평고대 이매기로 연결하여 앙곡을 잡는다.

㉢ 나머지 부연을 평고대에 맞추어 조립한다. 이때 부연의 내밀기는 평고대에서 1치나 1치 5푼을 내밀어 조립한다.

㉣ 부연 양옆은 5푼으로 따내어 부연착고를 끼울 수 있도록 해야 한다.

㉤ 부연착고는 5푼 두께와 춤은 부연과 동일하다. 부연착고 위치는 평고대 끝선에 맞추어 조립한다.

ⓑ 선자부연 초장은 사래 옆볼에 고정하고 부연착고 자리를 파악하여 따낸다. 나머지 선자부연도 선자연 방향과 동일하게 조립해 나간다.

ⓢ 부연 조립이 끝나면 부연 개판을 깐다.

아. 합각부 조립

(1) 조립 순서

㉠ 박공쪽 종도리 뺄목을 기준으로 집우사 옆에 폭 1자인 풍판을 고정한다.

㉡ 도리의 마구리 면과 집우사 경사에 맞추어 박공널(합각널)을 조립한다. 이때 박공널의 중앙은 서로 빗각으로 맞댐이음 한다.

㉢ 풍판과 풍판 사이에 풍판 쫄대를 대어준다.

㉣ 목기연을 조립할 수 있도록 1자 간격으로 홈을 따낸다. 목기연 옆볼에 5푼 턱을 주어 박공널에 끼운다. 이때 목기연의 크기와 내목, 외목은 부연과 동일하다. 다만 뒤초리 부분의 경사면만 반대이다.

㉤ 목기연 조립이 끝나면 목기연 개판을 깔고 마지막으로 누리개를 깔아 마무리한다.

(2) **적심재 깔기**

적심이란 개판 위에 까는 목재로써 기와 면을 형성하는 밑바탕이 된다.

지붕에 적심재를 깔아 주면 보토 채우기와 강회다짐의 양이 줄어들어 과중한 지붕의 무게를 덜게 되는 것이다. 또한 장연과 단연의 물매가 달라 생기는 헛집 공간을 채워줌으로써 지붕의 곡선을 자연스럽게 만들 수 있게 한다.

지붕의 물매가 셀 경우 적심재도 못으로 견고하게 고정해야 한다. 그리고 단연 상단 교차부위 위에 올려놓은 부재를 적심도리라 부른다. 이 적심도리도 용마루를 형성하기 위한 적심재의 일부이다.

제 10 부

10 수장재·마루·난간

수장이란 '꾸미고 치장하다'라는 뜻을 가진다. 즉 수장재는 한옥의 뼈대가 되는 구조재 이외의 부재로 벽을 이루는 인방재나 내외부를 꾸미는 치장재를 말하는 것이다.

한옥에서 수장재 두께는 곧 벽 두께가 된다. 고택에서는 수장재의 두께가 보통 3치~4치 정도를 이루고 있다. 하지만 이 두께로 차음과 단열 성능을 바라는 것은 무리인듯하다. 그래서 현대에는 벽 두께를 넓히기 위해 인방재를 4치~6치까지 사용하고 있다.

가. 인방

인방이란 기둥과 기둥 사이 또는 문과 창의 아래나 위를 가로 지르는 부재를 말한다. 인방재는 기둥과 기둥 사이에 하인방(하방), 중인방(중방), 상인방(상방)이 있고 창을 구획하기 위해 창 옆에 세로로 세워진 창선, 문을 구획하기 위해 문 옆에 세로로 세워진 문선, 원주 옆에 벽을 구획하기 위해 세로로 세워진 벽선이 있다. 즉 인방재는 벽을 구획하는 부재인 것이다.

전통적인 방법으로 인방재의 조립은 한쪽을 깊이 끼우고 반대쪽을 다시 꺼내어 조립하는 형태이다. 이 작업을 '되맞춤'이라 한다. 되맞춤 작업은 기둥을 가로로 깊게 파내어 도내기자리가 남게 되는데 이곳은 목심을 박아 고정한다. 또는 머름중방 조립 부분인 기둥의 암장부를 세로로 길게 파내어 조립 후 남는 곳을 목심으로 박아 고정하기도 한다. 하지만 요즘은 기둥을 세울 때 미리 끼워 조립을 완성하는 경우가 많다.

나. 머름

옛날 선조들은 바닥 난방(복사난방)을 하고 좌식생활을 해왔다. 좌식생활을 하려면 창이 낮아야 밖의 경치를 보거나 햇빛을 깊이 들일 수 있다. 하지만 창호를 하방까지 내리기엔 너무 개방적이어서 사생활이 침해받는다. 그래서 하인방 위 짧은 머름동자를 세우고 널을 끼워 머름을 설치하였다.

머름은 하방 위 어미동자와 머름동자를 수직으로 세우고 동자 사이에 머름착고를 끼워 머름중방을 덮어 완성한다. 이때 머름동자 상부와 머름중방은 부재 끝을 뾰족하게 해서 제비추리맞춤으로 한다. 머름의 높이는 1자~1자5치로 되어 있는데 이는 앉아 있는 사람이 팔걸이 하기 좋은 높이라고 할 수 있다.

다. 마루

마루는 덥고 습한 여름을 시원하게 보내기 위한 공간으로 남부지방에서 발달해 왔다. 또한 내외부 완충공간의 역할도 하고 복도의 역할도 한다.

마루는 크게 4종류로 나뉜다. 첫째 건물 중앙 칸을 관통하여 짜여진 대청마루가 있고 둘째 건물 전면이나 측면에 고주를 세워 퇴칸의 공간에 형성된 툇마루가 있다. 셋째 'ㄱ'자 한옥 등 측면 한 칸을 사용하여 짜여진 누마루가 있고 넷째 건물 처마 밑에 짧은 폭으로 길게 형성된 쪽마루가 있다.

또한 마루의 짜임 형태에 따라 우물마루 형식과 장마루 형식이 있는데 보통 마루의 짜임은 우물마루 형식으로 짜인다. 우물마루 형식은 장귀틀, 동귀틀, 어미귀틀에 홈을 길게 파서 마루청판을 가로 방향으로 끼우는 쪽매방식이다.

• 툇마루

• 쪽마루

• 대청마루

• 누마루

라. 난간

난간은 마루에서 낙상을 방지하기 위해 설치하는 부재이다. 난간의 종류는 크게 2가지로 나뉜다.

첫째, 평으로 길게 짜이는 평(平)난간과 둘째, 닭이나 오리 가슴을 닮았다고 하여 붙여진 계자(鷄子)난간으로 나뉜다. 또한 난간동자 사이에 살대를 어떻게 짜느냐에 따라 아자난간, 귀자난간 등으로 불리 운다.

제 11 부

11 기와공사

가. 기와의 종류

(1) 형태별 종류

㉠ **평기와** 기와지붕의 전체 면을 시공하는 기와로 암기와와 숫기와가 있다.

㉡ **막새기와** 지붕의 처마 끝에 붙이는 치장용 기와로 암막새기와, 숫막새기와, 귀막새기와, 왕찌기와 등이 있다.

㉢ **장식기와** 망와, 머거불, 부고, 착고, 적새, 숫마룻장 등이 있다.

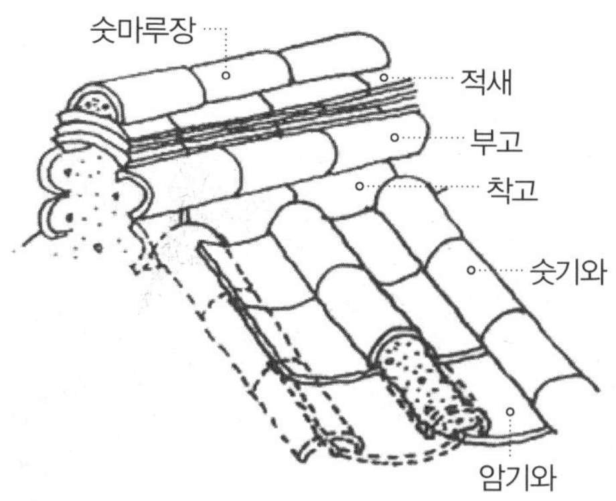

⑵ **기와 재료**

㉠ **보토** 보토는 개판과 적심재 위에 깔려 단열성능을 높이며 강회다짐의 바탕을 이룬다. 보토의 배합은 생석회, 잔모래, 황토를 적절히 배합하여 사용한다.

㉡ **강회** 강회다짐은 지붕 누수 방지와 기와의 침하를 방지하기 위하여 보토 위에 넓게 덮는 것을 말한다. 강회의 배합은 생석회와 잔모래를 1:1 비율로 배합하여 사용한다. 강회다짐은 7일 이상 충분히 양생해야 한다.

㉢ **알매흙** 알매흙은 강회다짐 위에 암기와를 시공하기 위하여 까는 재료이다.

㉣ **홍두깨흙** 홍두깨흙은 숫기와를 시공하기 위하여 숫기와 밑을 채우는 재료이다.

㉤ **아구토**(아귀토) 처마 끝에 막새기와를 쓰지 않고 평기와로 시공 시 숫기와 끝 부분을 둥글게 채우는 재료를 말한다. 강회로 채우는 것이 일반적이다.

(3) 덧서까래

한옥의 가구구조가 5량가 이상이면 단연과 장연의 물매차이로 중도리 부분의 지붕이 움푹 들어가게 된다. 이 공간을 헛집이라 하는데 헛집을 보토로만 모두 채우면 지붕의 하중이 너무 무거워진다. 그래서 단열이 잘 되고 가벼운 재료로 충당해야 하는데 가장 무난한 재료가 목재를 키고 남은 적심이라는 부재이다.

이 적심재는 내목을 눌러주는 누리개 역할도 함께 수행한다. 요즘 한옥은 지붕을 경량화하기 위하여 많은 노력을 한다. 그래서 보토의 양을 줄이기 위해 덧서까래를 설치하는 경우가 많다. 덧서까래의 사이에 압축스티로폼이나 발포 우레탄폼을 시공하여 단열 성능을 높이는 경우도 있다.

또한 지붕 누수의 하자 발생을 줄이기 위하여 개판위에 방수시트를 설치하는 경우가 있는데 이는 지붕의 숨구멍을 모두 막아버려 천장에 습기가 빠지지 못하는 단점이 있다. 따라서 통풍에 좀 더 신중을 기해야 한다.

나. 연함 설치

(1) 조립 순서

㉠ 연함은 암기와의 곡률에 맞추어 1자의 간격으로 제작한다. 연함은 처마 끝 암기와와 평고대 사이의 틈을 메우기 위해서 평고대 위에 부착하는 파도 모양의 부재이다. 또한 마감의 역할과 지붕의 흙이 밀려 내려오지 못하게 하는 역할도 한다.

㉡ 연함을 평고대 면에 맞추어 못으로 고정하고 들뜨지 않게 조립한다.

㉢ 합각부에도 목기연 개판에 맞추어 연함을 설치해야 기와 시공이 가능하다. 이때 연함 뒷면에 보강목을 덧대고 못으로 고정해야 견고해진다.

㉣ 연함의 이음은 엇빗이음으로 하여 정면에서 틈이 벌어져 보이지 않게 하고 이음 부위는 평고대 이음과 이격시켜야 한다.

다. 기와 잇기

기와 조립 순서 : 보토다짐 ▸▸ 강회다짐 ▸▸ 알매흙 깔기 ▸▸ 암막새기와 ▸▸ 암기와 ▸▸ 홍두깨흙 ▸▸ 숫막새기와 ▸▸ 숫기와 ▸▸ (회첨골 시공) ▸▸ 착고 ▸▸ 부고 ▸▸ 적새 ▸▸ 머거불, 망와 ▸▸ 숫마룻장(추녀마루·내림마루·용마루)

(1) 알매흙 깔기

㉠ 알매흙은 강회다짐 위에 암기와를 고정하기 위해 까는 재료이다.

㉡ 양생이 된 강회다짐 면에 갈라짐이 있으면 생석회 묽은 반죽으로 메운다.

㉢ 알매흙과 홍두깨흙은 차진 진흙을 사용하며 바닥에 알매흙을 얇게 펴서 바른다. 이때 흙이 건조되기 전에 암기와를 이어야 한다.

(2) 암기와 잇기

㉠ 처마 끝에 암막새기와를 기와 길이의 1/3 이하로 내밀어 놓는다.

㉡ 용마루 부위까지 삼겹잇기로 겹치고 바닥과 양옆에 알매흙을 채워 고정한다. 이때 세로 기준실을 매어 좌우가 일직선이 되도록 설치한다.

㉢ 옆줄로 이동하며 반복 시공하는데 옆장은 서로 맞닿게 깔아야 한다.

⑶ 숫기와 잇기

㉠ 암기와 맞댄 부분 위에 홍두깨흙을 바닥기와와 밀착되게 올려놓는다. 홍두깨흙은 숫기와 밑을 채워 기와를 고정하는 흙을 말한다.

㉡ 처마 끝에 숫막새기와를 바닥이 암기와와 밀착되도록 눌러 잇는다.

㉢ 숫기와를 용마루까지 일자로 잇는다.

㉣ 이때 막새기와를 사용하지 않을 경우, 마구리에 아구토를 바를 수 있게 암기와 끝에서 2치 정도 들여 쌓는다.

㉤ 지붕 곡선을 고려하여 옆줄로 이동하며 반복 시공한다.

(4) 회첨 잇기

㉠ 회첨은 'ㄱ'자, 'ㄷ'자 한옥에서 지붕이 꺾인 부분에 생기는 기왓골이다.

㉡ 물을 받는 면적이 충분하지 않으면 물이 기왓골을 넘어 지붕 속으로 스며들기 때문에 충분한 면적을 확보해야 한다. 보통 살림집 한옥은 암기와를 두 줄로 까는데 규모가 큰 건물은 세 줄을 깔기도 한다.

㉢ 회첨골 밑에는 누수를 방지하기 위하여 동판을 깔기도 한다.

㉣ 회첨골 평고대 바깥쪽은 암기와를 받칠 수 있게 고삽을 대어 준다.

㉤ 고삽 끝에 연함을 설치하고 용마루까지 45° 각도로 기준실을 매어 기와를 잇는다.

㉥ 회첨골 암기와는 1/3 이상 겹치고 다른 암기와 보다 낮게 설치해야 한다.

㉦ 암기와 위에 숫기와를 쌓고 암기와 사이는 아구토로 막는다.

(5) 지붕마루 잇기

지붕마루는 각기 다른 지붕면이 서로 맞닿는 부분에 기와를 쌓아 올려 자연스러운 곡선을 이룬 부분을 말한다. 앞뒤 지붕면이 만나 최상단에 위치한 용마루가 있고 합각부 목기연 개판 위에 설치하는 내림마루가 있고 추녀 위에 설치하는 추녀마루가 있다.

(6) 추녀마루 잇기

㉠ 지붕마루 잇기 역시 아래쪽부터 추녀마루, 내림마루, 용마루 순으로 시공한다.

㉡ 마루 사이에 흙을 넣어 착고를 쌓고 그 위에 부고를 쌓는다. 이때 누수 방지를 위해 신중을 기하여 쌓아야 한다.

㉢ 부고 위에는 지붕 곡률을 고려하여 적새를 3~5장 정도로 쌓는다. 적새는 상하 엇갈리게 쌓고 추녀 끝 마구리는 머거불을 놓아 마무리한다.

㉣ 마지막 적새 밑에 망와를 놓고 구리선으로 고정한다. 그리고 마지막 적새 위에 주먹흙을 얹고 숫마룻장을 설치한다.

(7) 내림마루 잇기

㉠ 먼저 내림마루 잇기 전에 박공 쪽에 막새기와를 잇는다.

㉡ 암기와와 막새기와 사이에 주먹흙을 놓고 착고, 부고, 적새를 쌓는다.

㉢ 머거불, 망와, 숫마룻장을 쌓아 마무리한다.

(8) 용마루 잇기

㉠ 내림마루 양 측면 꼭지점에 말뚝을 고정하고 적절한 곡이 이루어지도록 두꺼운 줄을 맨다.

㉡ 숫기와와 암기와 사이에 흙을 넣고 착고를 쌓는다.

㉢ 착고 위에는 부고를 쌓는데 서로 엇갈리게 쌓는다.

㉣ 적새를 상하 엇갈리게 5~9단 정도 쌓는데 중앙은 5단 양 측면은 9단을 쌓아 지붕마루의 곡률을 잡아간다.

㉤ 측면 마구리에 머거불 2단, 망와를 쌓고 구리선으로 고정한다.

㉥ 마지막 적새를 쌓고 숫마루장을 덮어 마무리한다.

(9) 합각벽 설치

합각벽 밑은 착고를 쌓고 빗물 흘림을 철저히 하여 누수가 되지 않도록 신경을 써야 한다. 누수가 염려되는 부위는 회반죽이나 방수 모르타르를 이용하여 빈틈없이 시공해야 한다.

합각벽은 보통 와담과 같이 흙과 기와를 쌓아 회바름으로 마감하거나 벽돌을 쌓아 회바름으로 마감한다. 맞배지붕에서는 풍판과 풍판쫄대로 시공한다.

제 1 2 부

12 내부·외부 공사

가. 미장공사

(1) 벽체시공

㉠ 상방, 중방, 하방, 창선, 문선 등 수장재를 들이고 나면 수장재 사이에 중깃을 새워 고정한다.

㉡ 중깃 사이로 설외, 눌외를 새끼줄로 엮어 벽체의 뼈대를 만든다.

㉢ 진흙으로 안쪽에서 먼저 초벽을 치고 어느 정도 마른 다음 바깥쪽에서 맞벽을 친다. 이것은 초벽과 맞벽이 암수 장부 역할을 하기 위함이다.

㉣ 초벌벽이 끝나면 바탕고름을 하고 모래와 생석회 반죽인 정벌벽으로 마감하여 미장한다. 정벌벽은 누수 방지를 위해 갈라짐이 없도록 얇게 여러 번 발라야 한다.

㉤ 현대에는 흙벽을 사용하지 않고 경목으로 벽을 구획한 다음 유리섬유 단열재나 압축스티로폼, 발포우레탄폼 등을 이용하여 차음과 단열 성능을 월등히 높여 시공하는 경우가 많다.

(2) 고막이 시공

기초와 하인방 사이는 주초석 높이만큼의 틈이 생기는데 이곳을 막아주는 것을 고막이라 한다. 고막이는 하인방 밑면을 직접 접촉하기 때문에 습기에 약한 시멘트벽돌보다는 소성벽돌을 사용하여 시공하는 것이 효과적이다.

고막이 쌓기는 0.5B 쌓기나 1.0B 쌓기를 하고 단수는 4단 정도를 쌓아 올린다. 벽돌 사이의 줄눈 모르타르는 방수처리 해야 한다.

나. 내부공사

(1) 내부 벽체

요즘 내부공사는 단열 성능을 높이기 위해 벽돌 공간 쌓기를 많이 하는데 이는 내부에서 기둥이나 인방재를 보지 못하는 결과를 가져온다.

한옥의 미는 목재의 아름다움을 느끼기 위함인데 방에서 벽돌벽을 보고 있어야 한다는 결정적인 단점이 생긴다. 이 단점을 해결하기 위해서는 인방의 두께를 키워 심벽구조의 단열을 해야 한다. 인방 두께를 5치~6치로 늘려 그 사이 건식 단열재를 채워서 단열을 높이고 석고보드를 시공하여 내화성능을 높이면 된다. 요즘 일체형 벽체도 많이 생산되어 시공하기 편리하다.

(2) 바닥 난방공사

한옥의 바닥은 전통적으로 구들을 놓아 구들장을 데워 바닥을 따뜻하게 사용해왔다. 하지만 요즘은 현대인들의 편리함을 충족시키기 위해서 보일러 온수난방이 대부분을 차지하고 있다.

물론 건강을 생각한다면 구들로 난방을 하는 것이 월등히 좋지만, 아침, 저녁으로 불을 지피는 것이 그리 쉬운 일은 아닌 듯하다.

온수난방의 시공은 일반 콘크리트 주택과 동일하게 시공하면 된다. 먼저 비닐을 깔아 습기와 누수를 차단하고 압축스티로폼으로 내려가는 열을 차단하여 단열한다. 그 위에는 와이어 메쉬를 시공하고 온수 파이프를 메어준다. 그리고 콩자갈과 모르타르로 마감을 하거나 황토미장으로 마감하면 된다.

(3) 당골막이 시공

도리 위에 서까래를 올리면 서까래 사이에 틈이 생기는데 이곳을 막는 것을 당골막이라 한다.

당골막이를 흙으로 처리하기 위해서는 개판을 치기 전 서까래 사이에 힘살이라는 대못을 미리 박아놔야 한다. 힘살에 흙으로 막고 고름질하여 회바름 미장으로 마감한다. 또는 벽돌을 쌓아 회바름 하기도 하고 단골막이용 압축스치로폼도 출시되어 시공이 간편해졌다.

다. 창호공사

요즘 창호시공은 차음과 단열 성능을 높이기 위해 전통의 한지창호보다는 시스템 창호를 주로 사용한다. 시스템 창호는 복층유리 사이에 전통 창살을 만들어 끼우고 건공기를 넣어 밀봉한 제품을 말한다. 대부분 주문제작으로 생산되어 고가인 것이 단점이다.

제 1 3 부

13 부재 상세도 (무고주 오량가, 초익공 구조)

설계 : 서정원

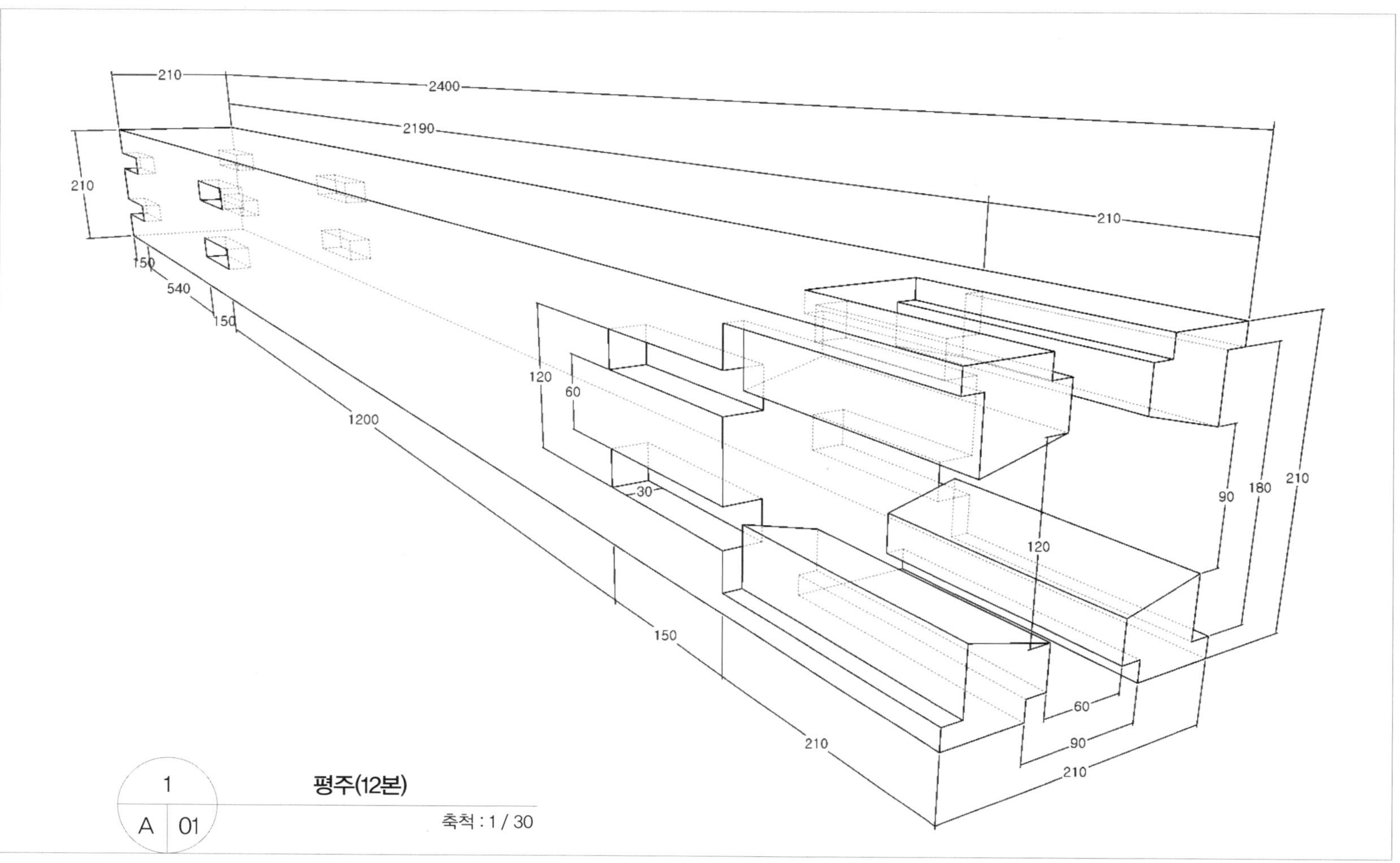
210
2400
2190
210
210
150
540
150
1200
120
60
30
150
210
120
90
180
210
60
90
210
1
A
01

평주(12본)

축척 : 1 / 30

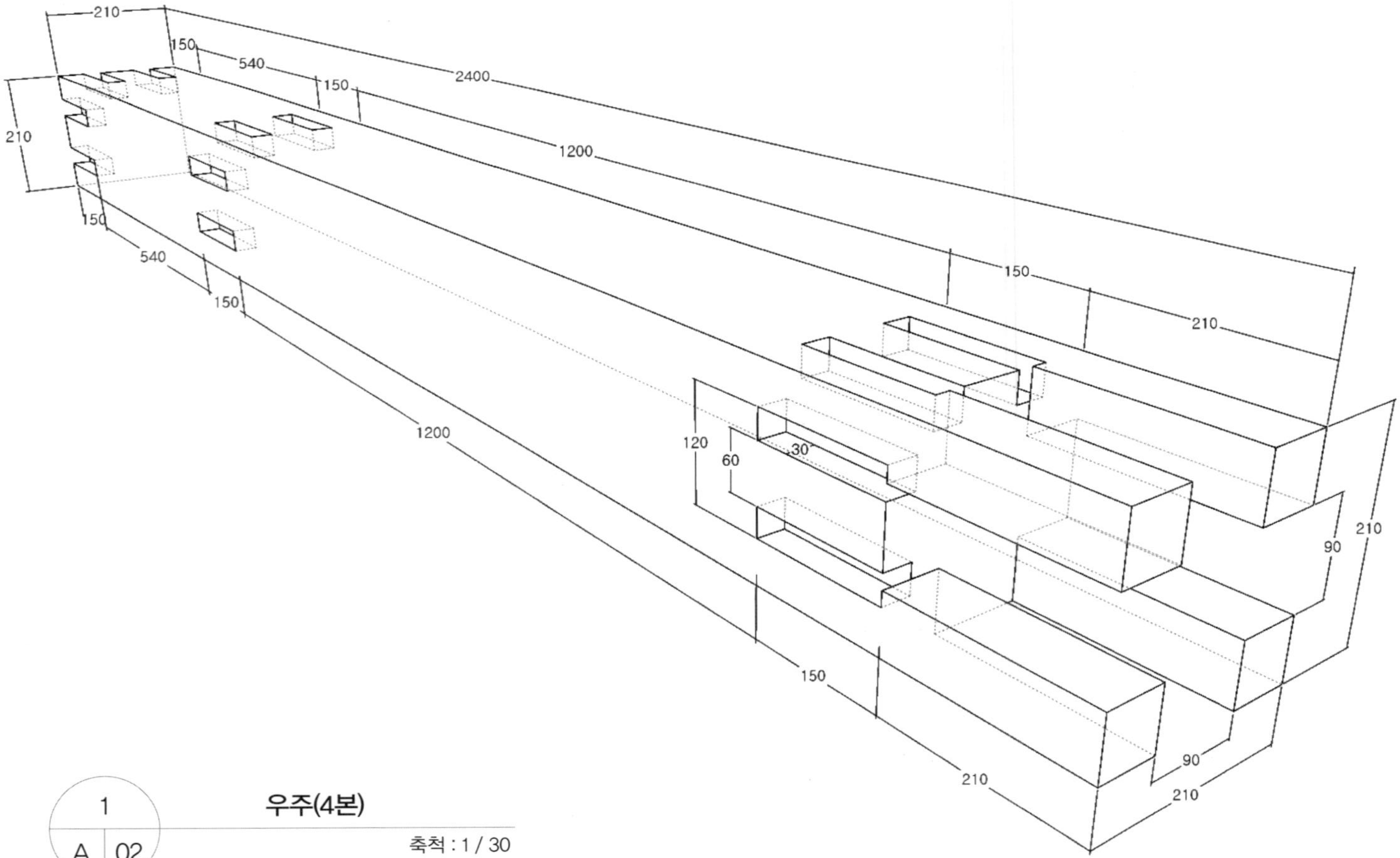

1 A 02

우주(4본)

축척 : 1 / 30

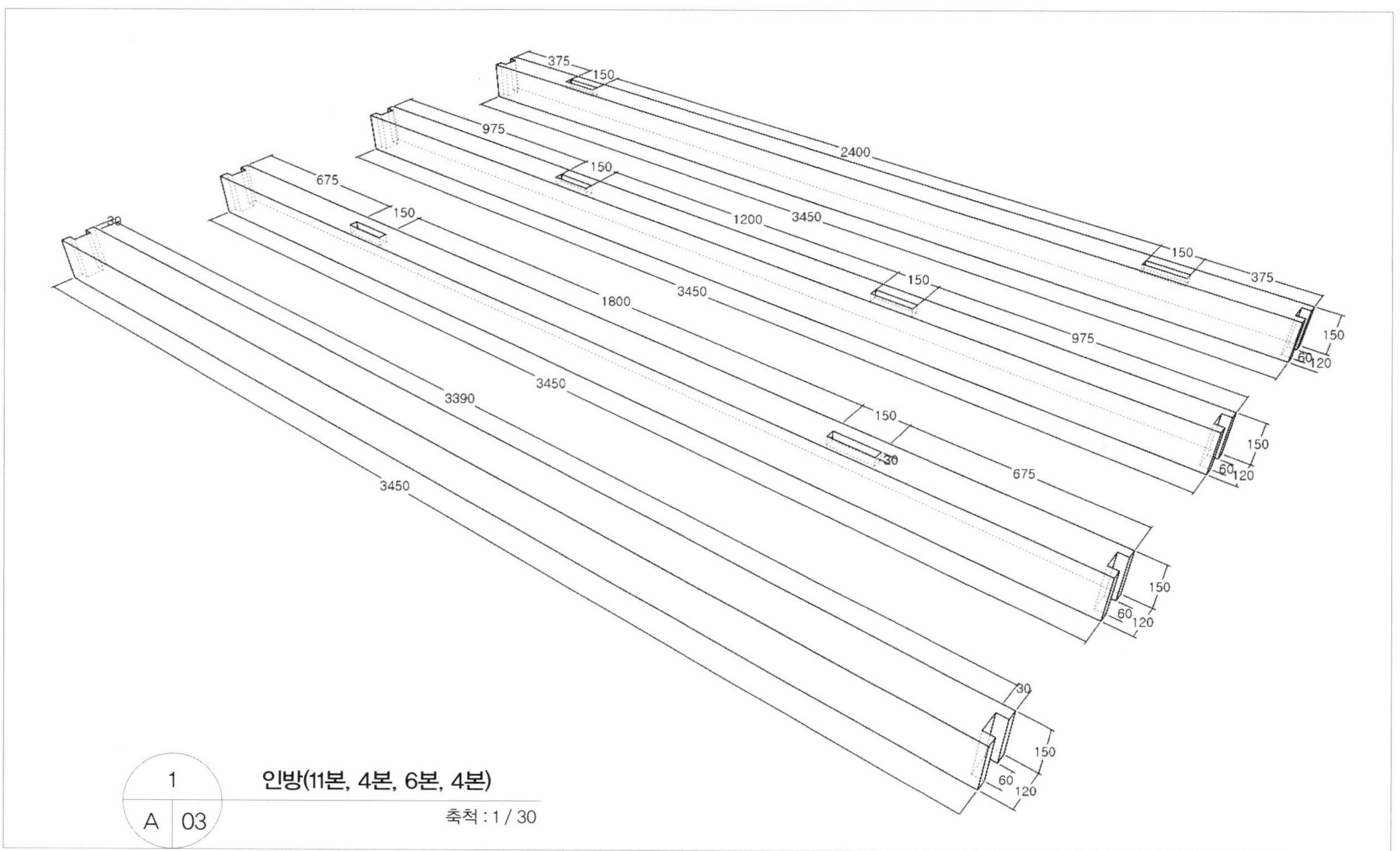

인방(11본, 4본, 6본, 4본)

축척 : 1 / 30

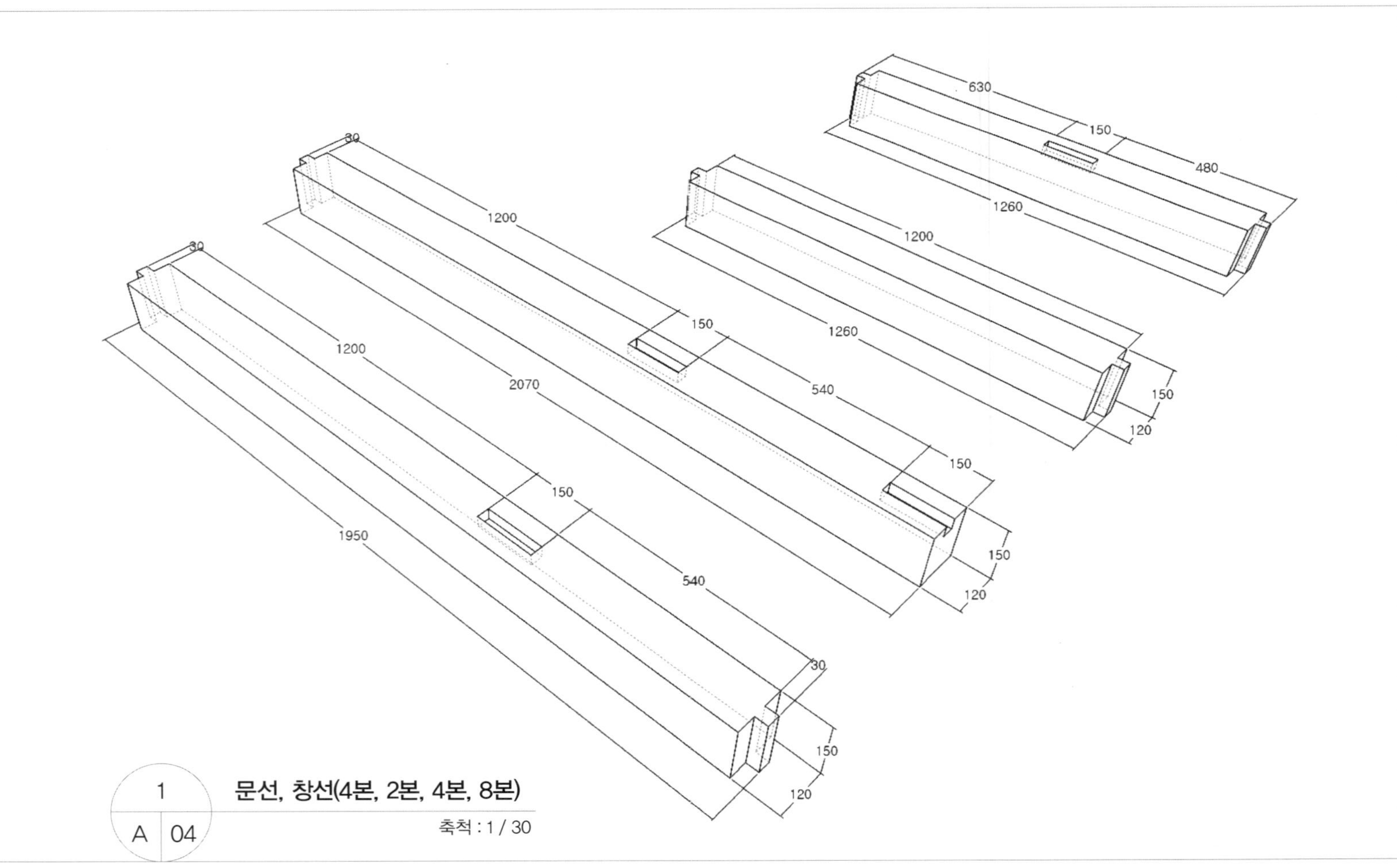
630
150
480
1260
1200
1260
150
120
30
1200
150
540
2070
150
150
120
30
1200
150
540
1950
30
150
120
1
A
04
문선, 창선(4본, 2본, 4본, 8본)
축척 : 1 / 30

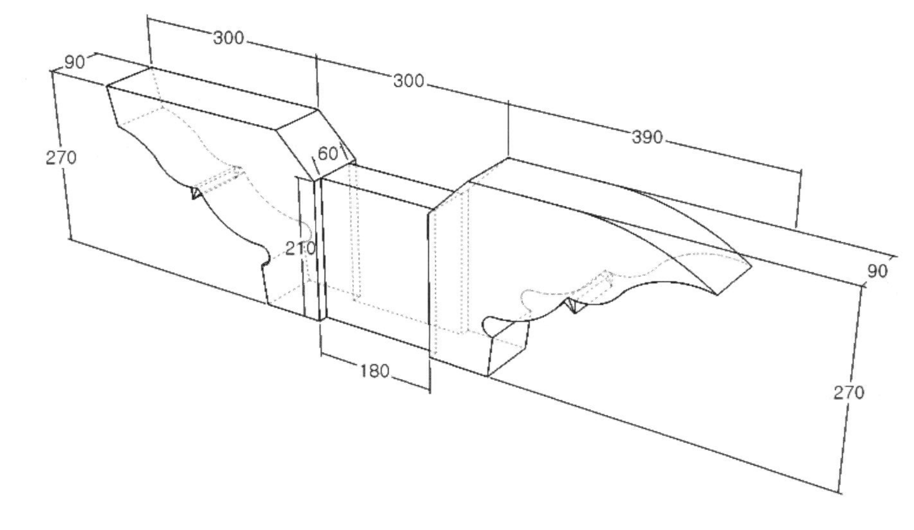

1 / A 05

초익공(12본)

축척 : 1 / 30

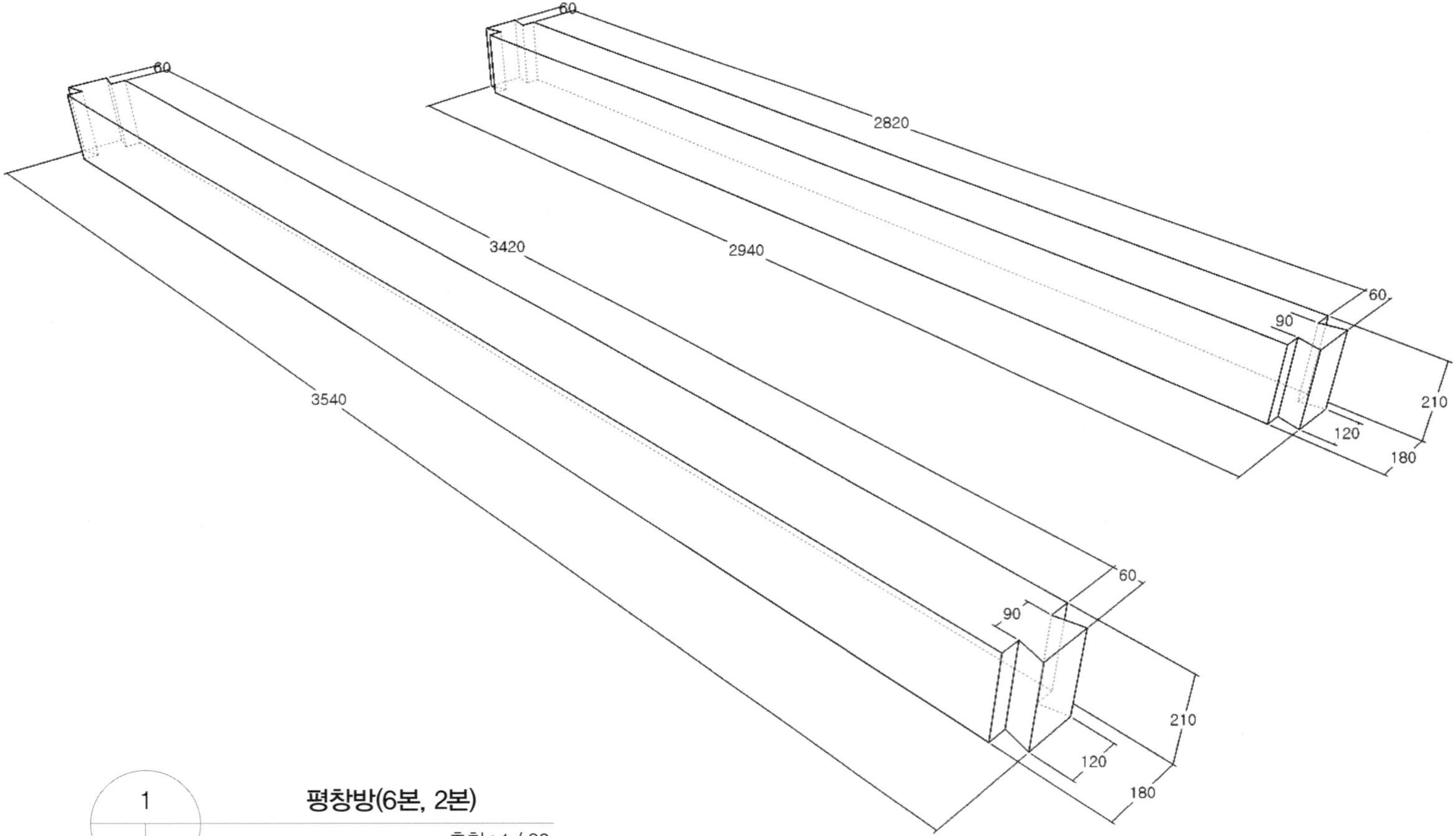

평창방(6본, 2본)

축척 : 1 / 30

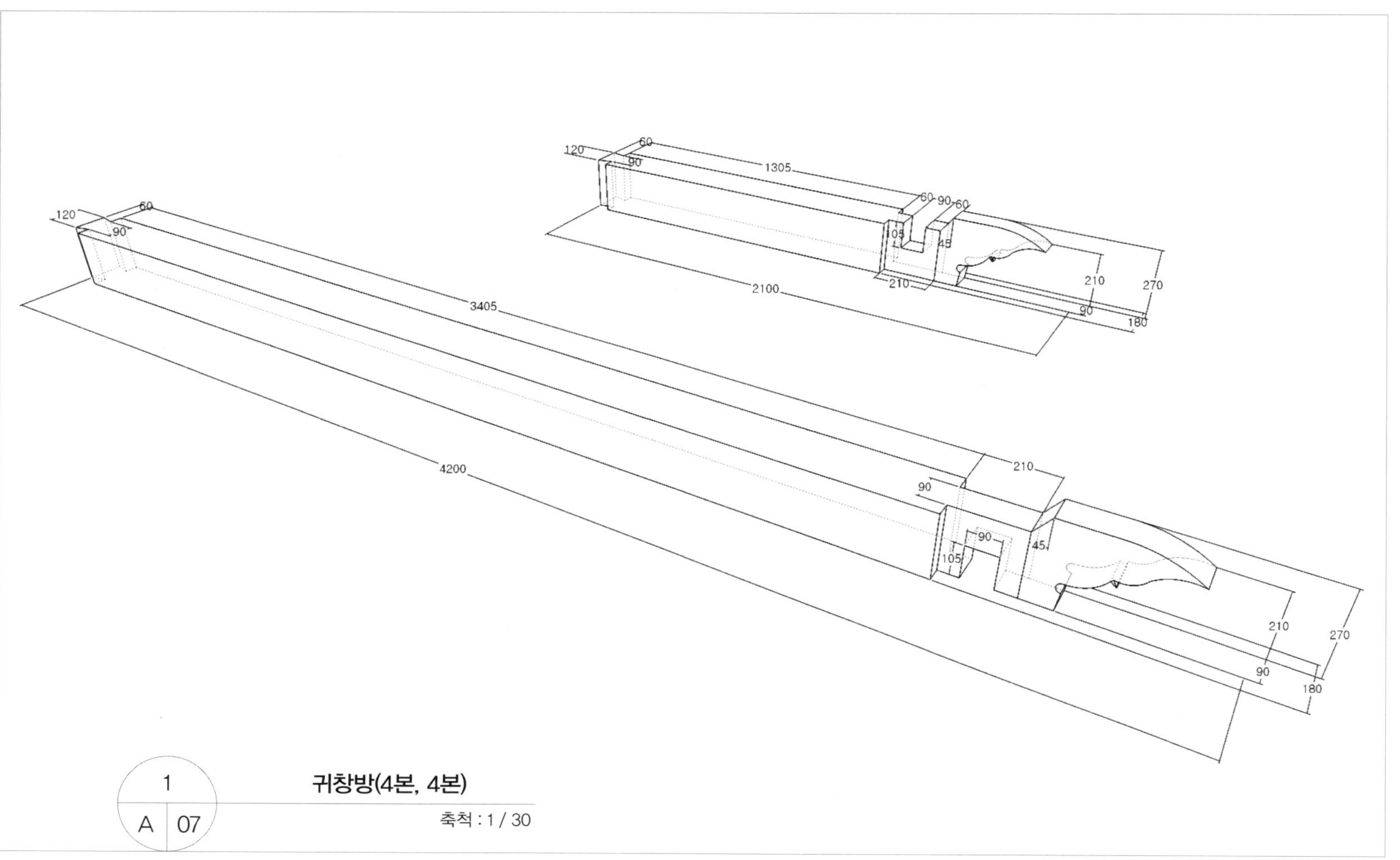

귀창방(4본, 4본)

축척 : 1 / 30

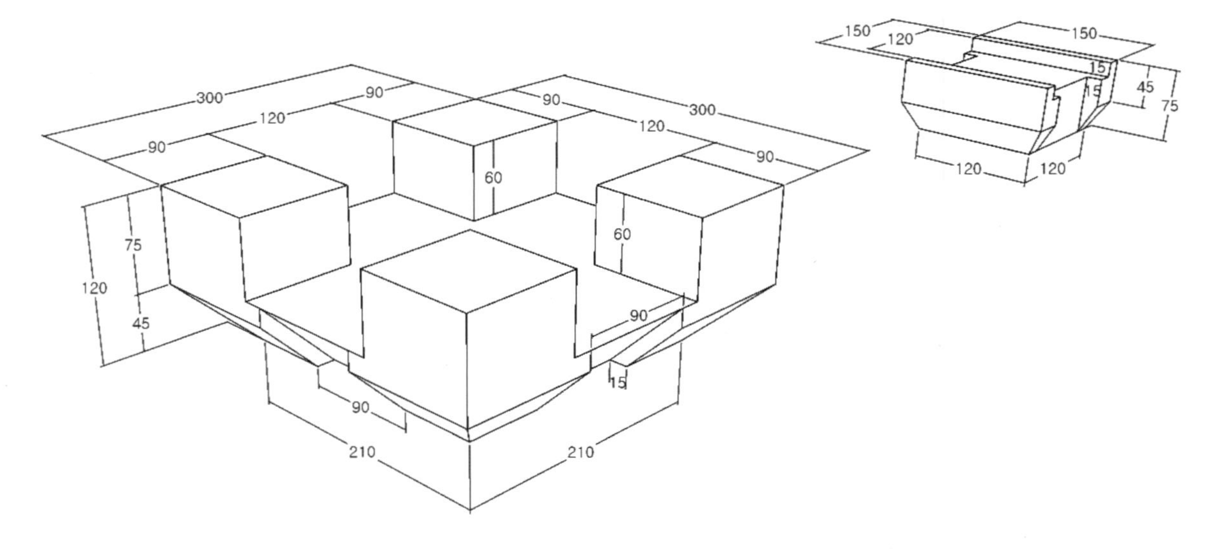

1 A 08

주두, 소로(16본, 88본)

축척 : 1 / 30

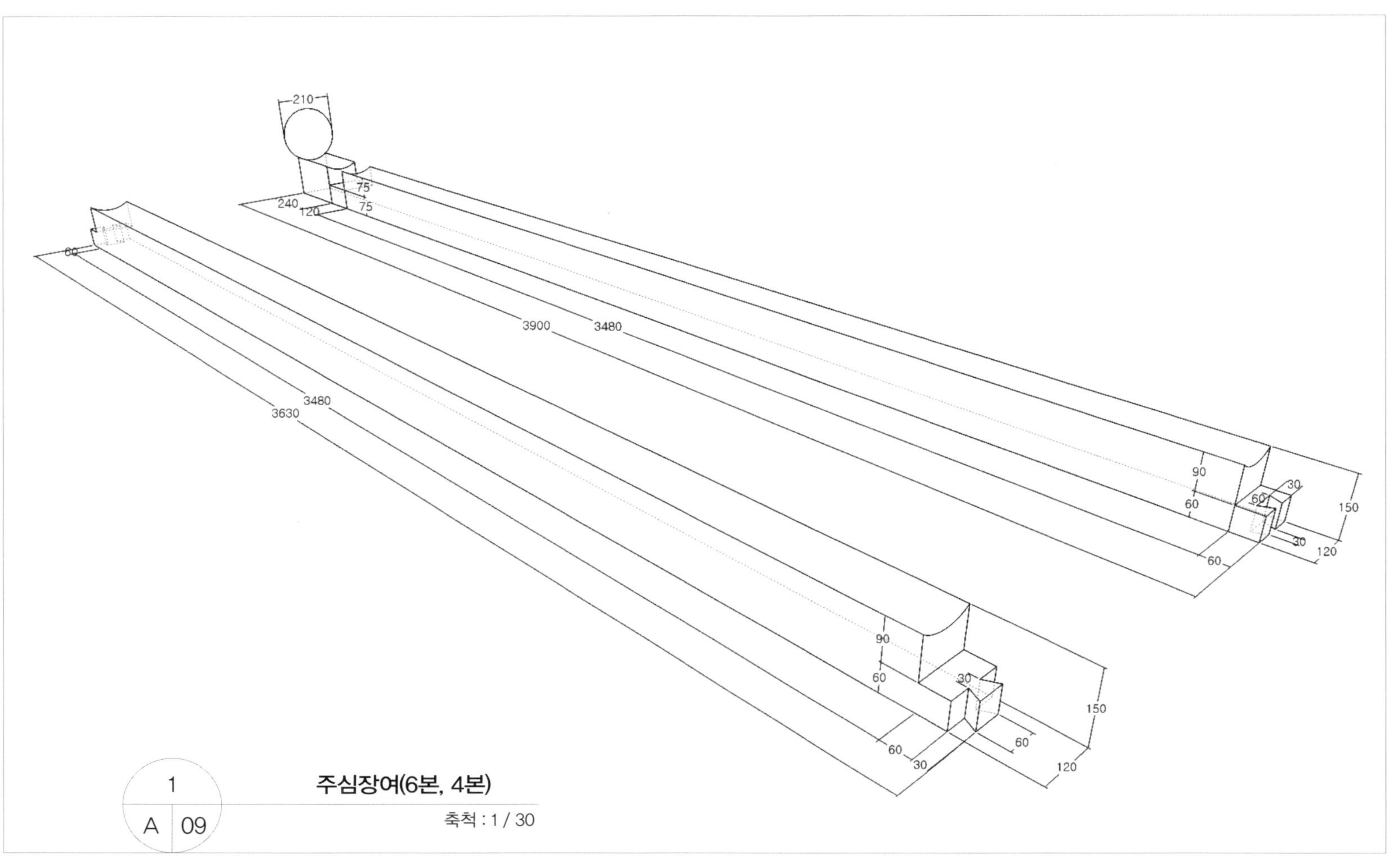

주심장여(6본, 4본)

축척 : 1 / 30

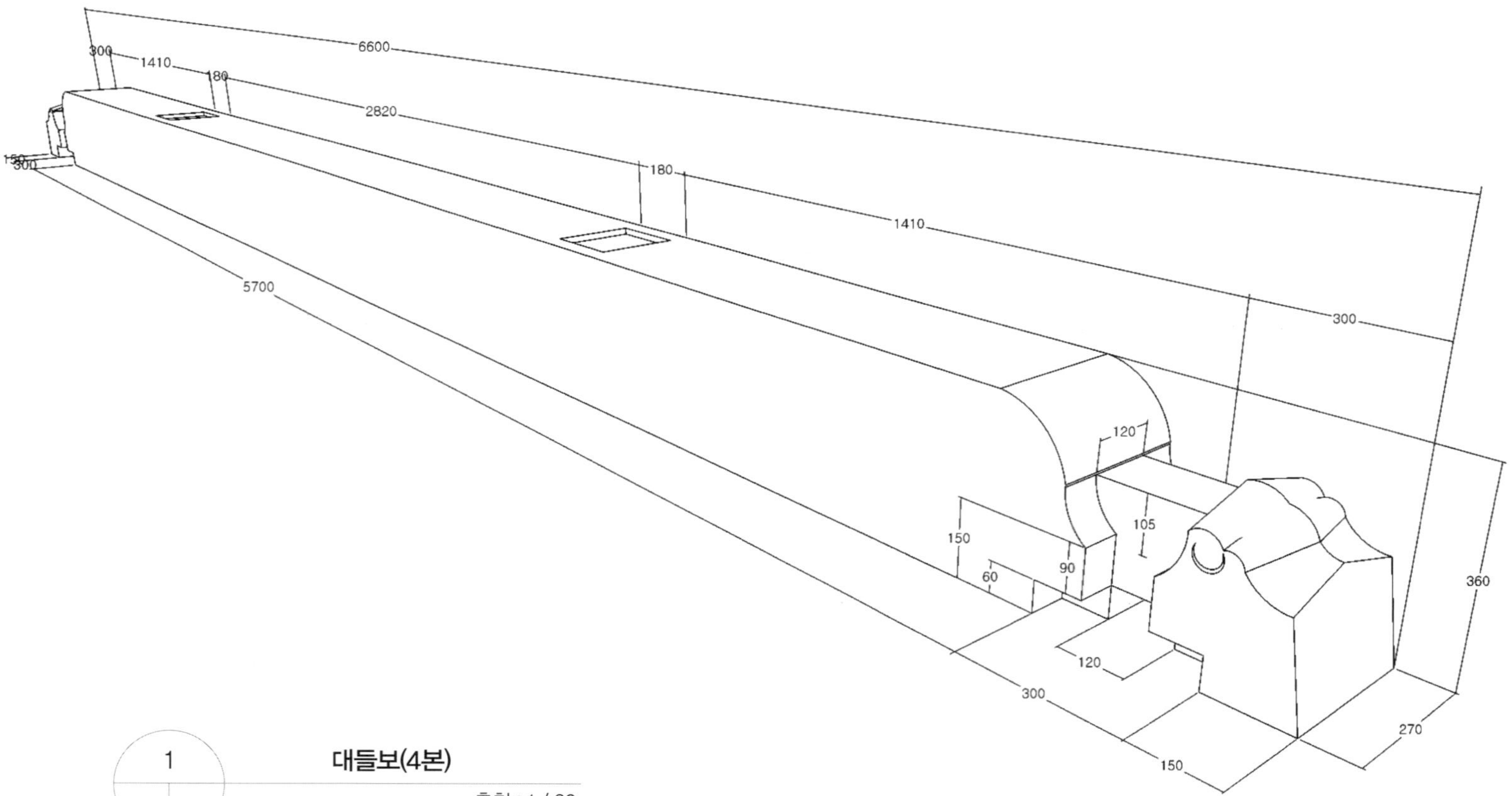

1
A 10

대들보(4본)

축척 : 1 / 30

6600
300 1410 180 2820 180 1410 300
5700
120 105 150 60 90 120 300 150 270 360

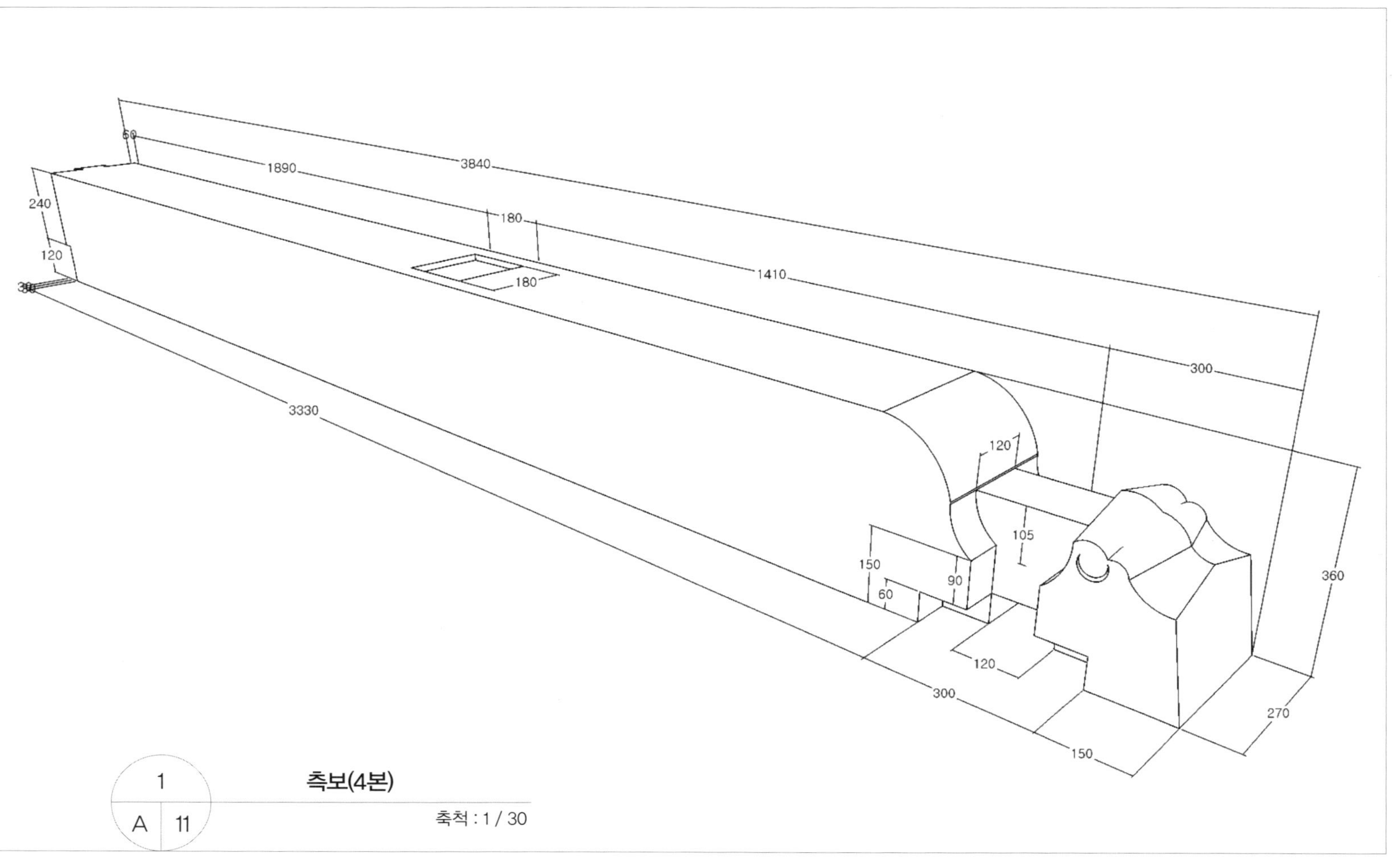
3840
1890
60
240
120
30
180
180
1410
300
3330
120
105
150
90
60
120
300
150
270
360
1
A
11

측보(4본)

축척 : 1 / 30

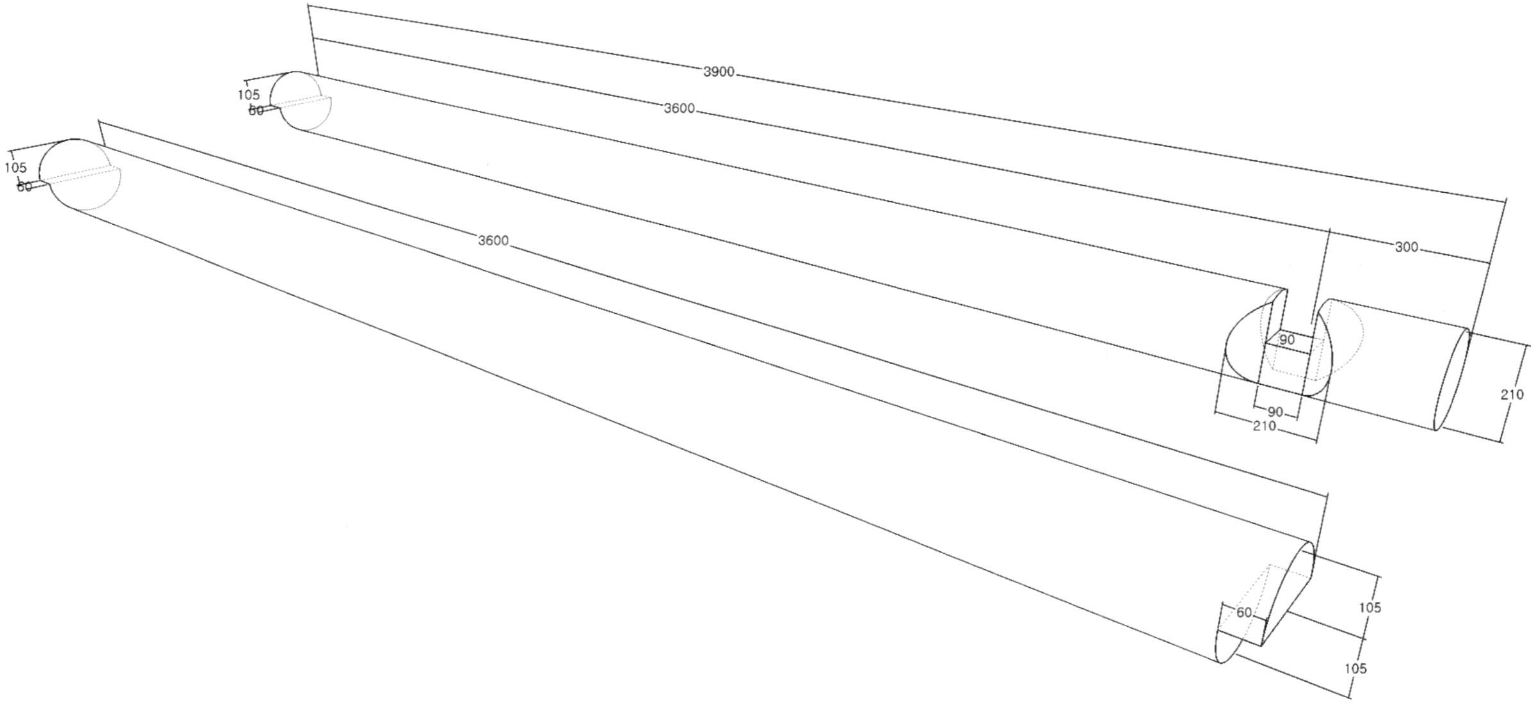

주심도리(6본, 4본)

축척 : 1 / 30

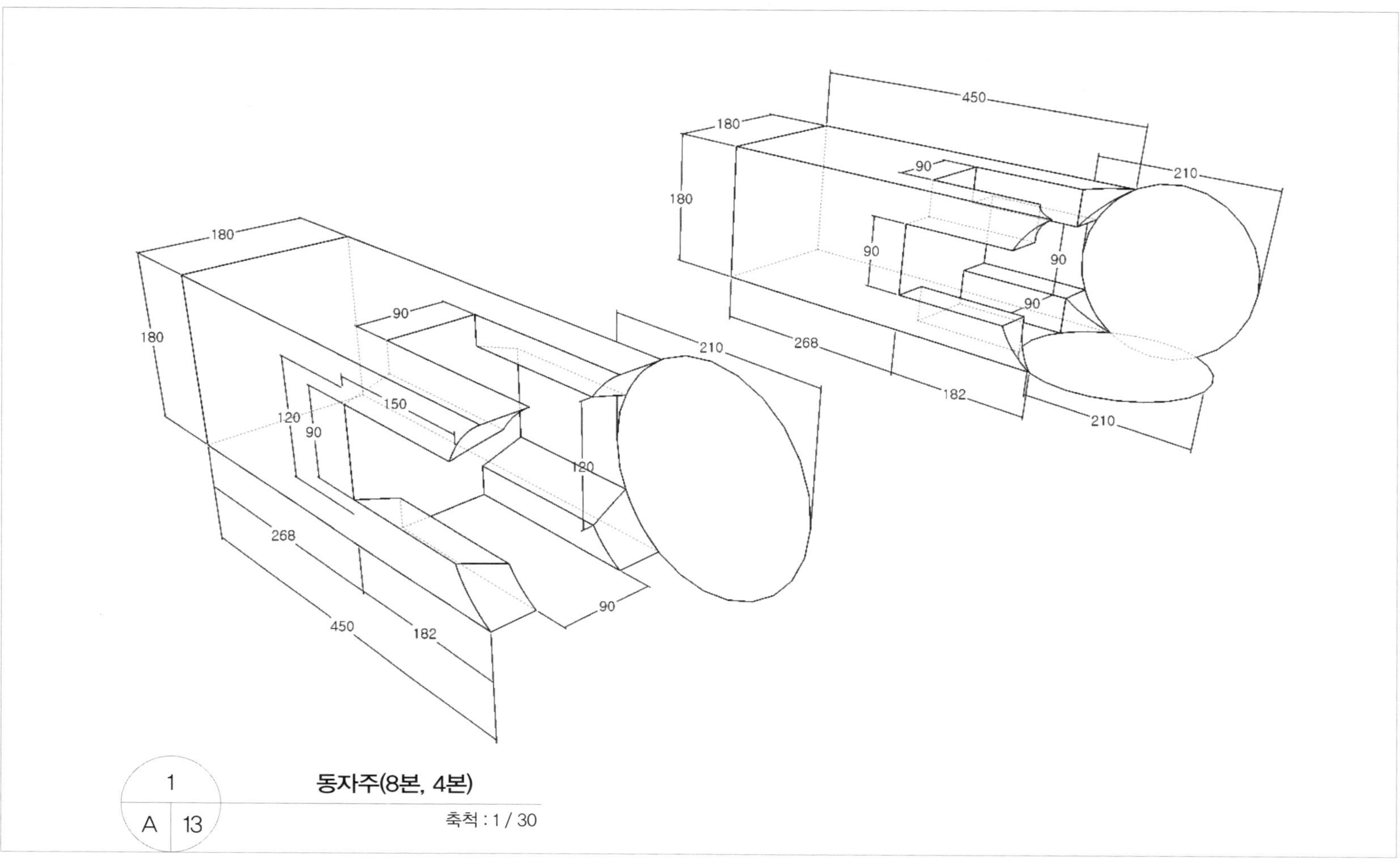

동자주(8본, 4본)

축척 : 1 / 30

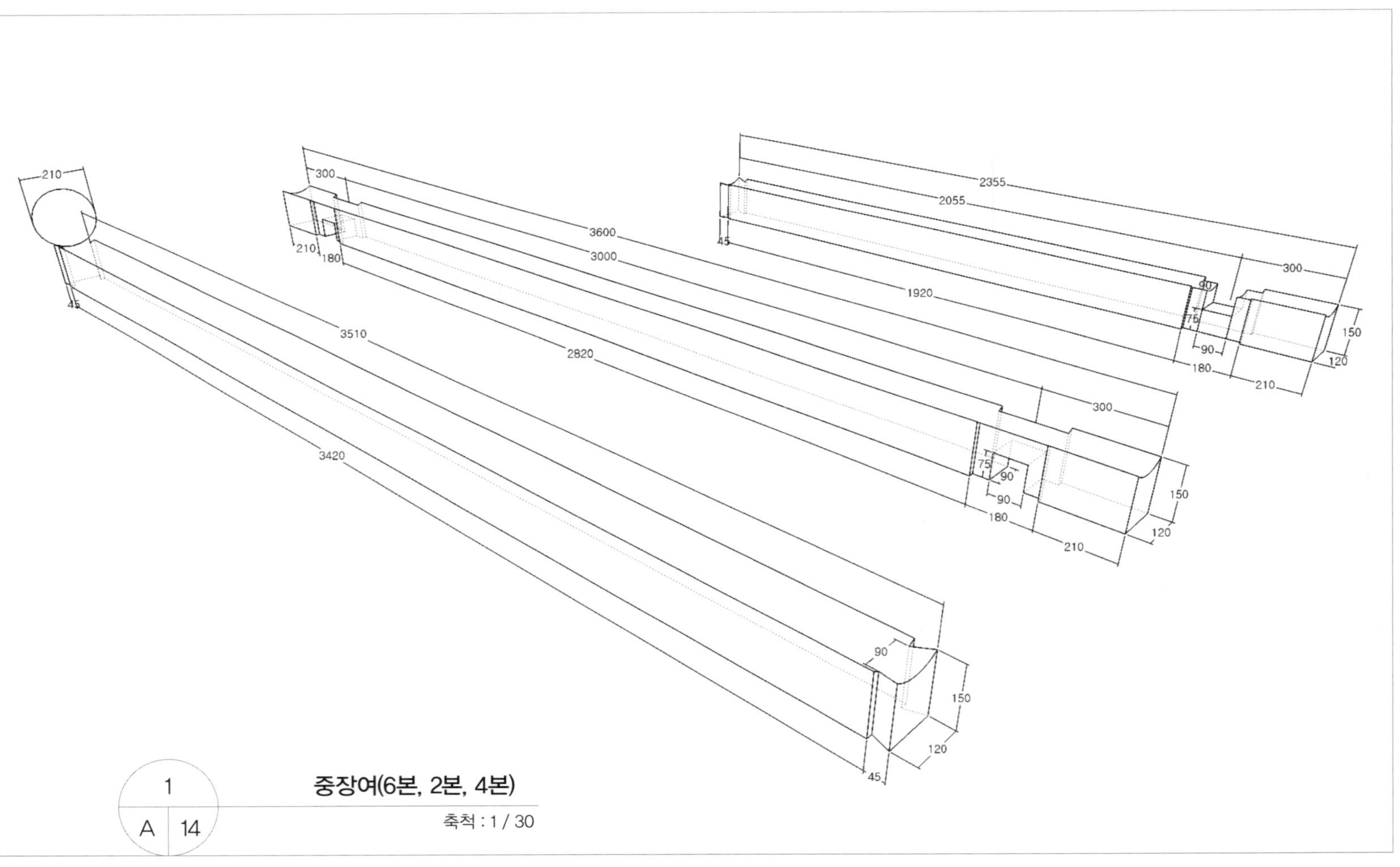

중장여(6본, 2본, 4본)

축척 : 1 / 30

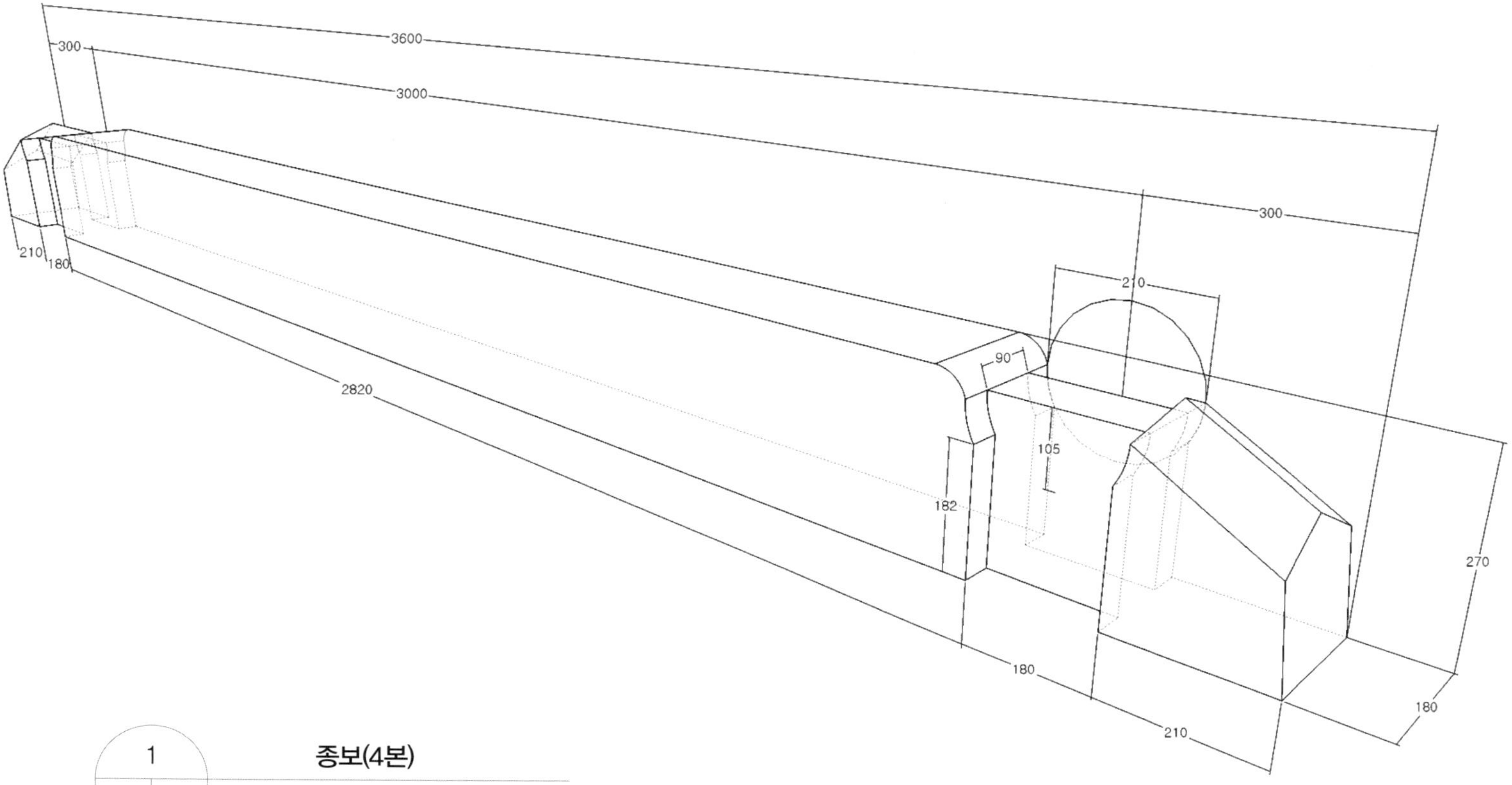

3600
300
3000
300
210
180
2820
210
90
105
182
270
180
180
210

1
A 15

종보(4본)

축척 : 1 / 30

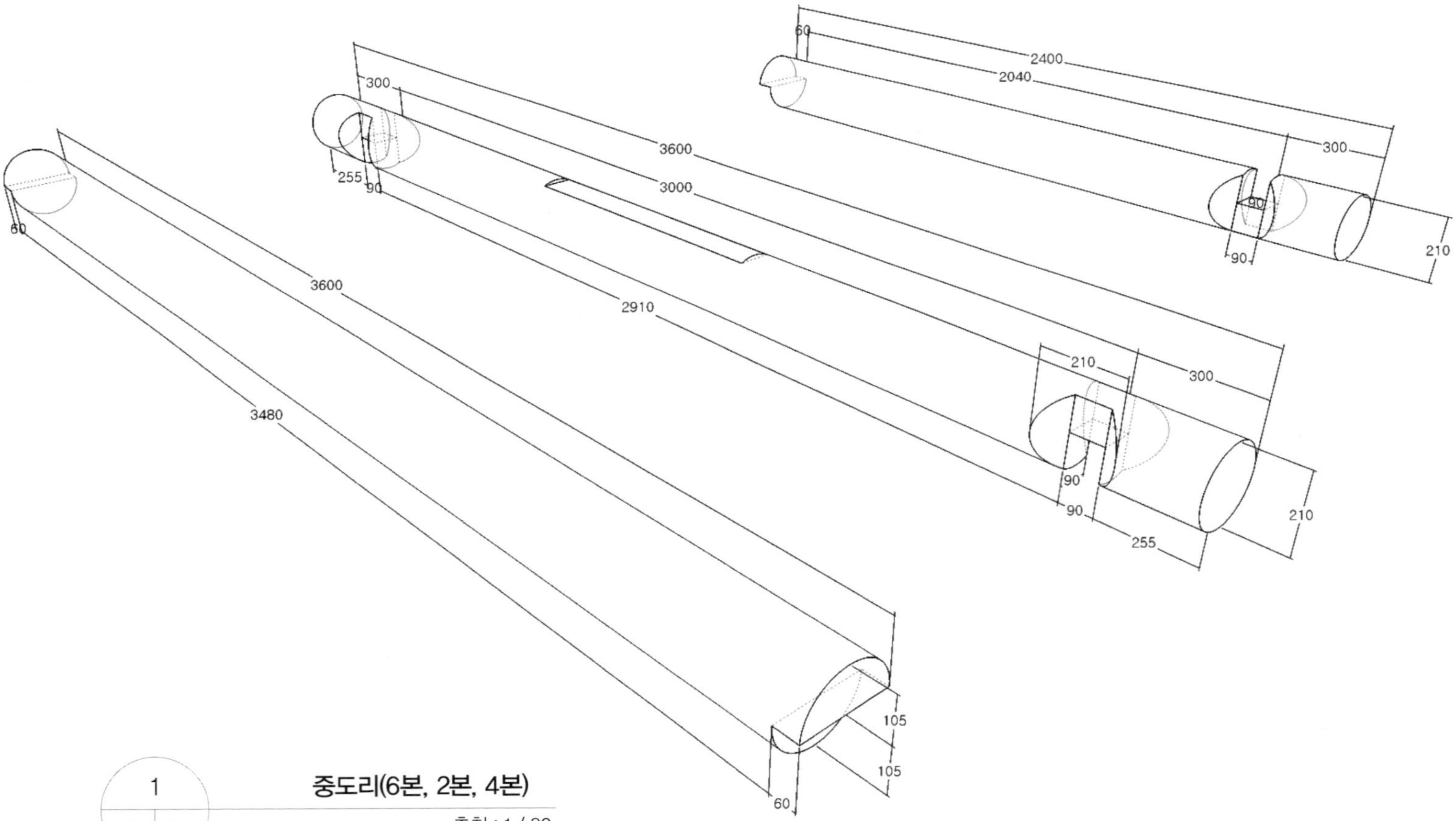

중도리(6본, 2본, 4본)

축척 : 1 / 30

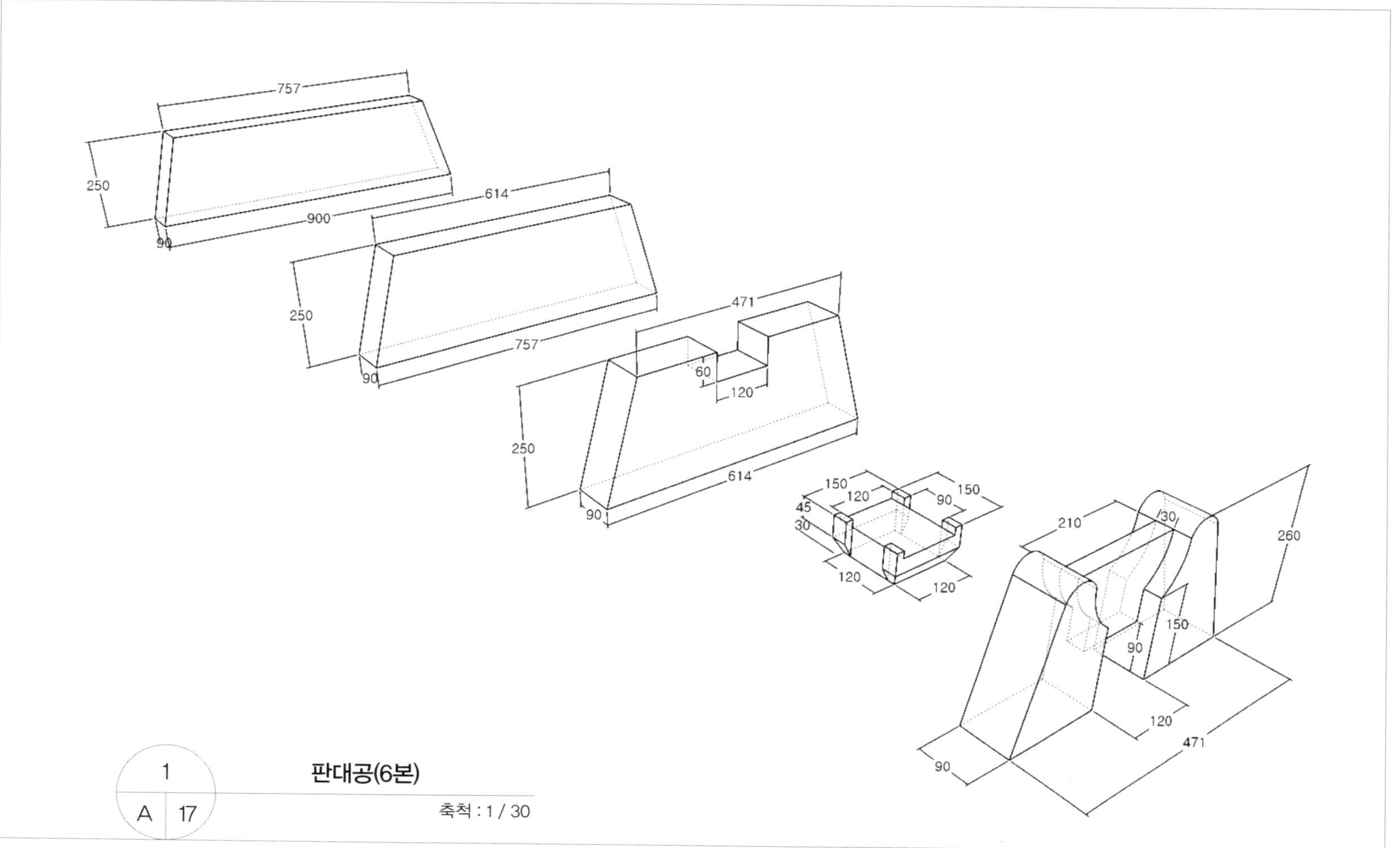
757
250
900
90
614
250
757
90
471
60
120
250
614
90
150
120
45
30
120
120
150
90
210
30
260
150
90
120
471
90
1
A
17

판대공(6본)

축척 : 1 / 30

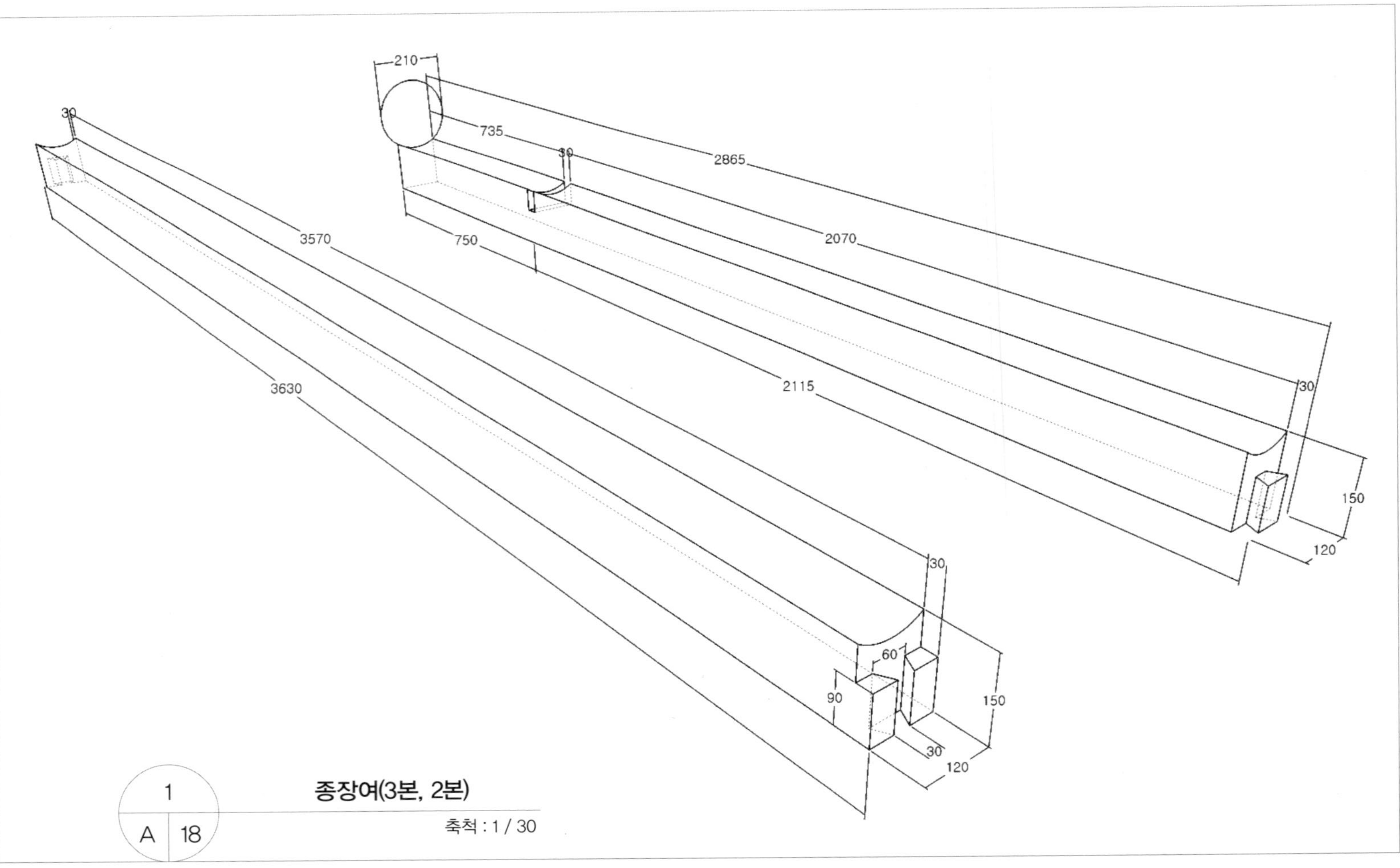

종장여(3본, 2본)

축척 : 1 / 30

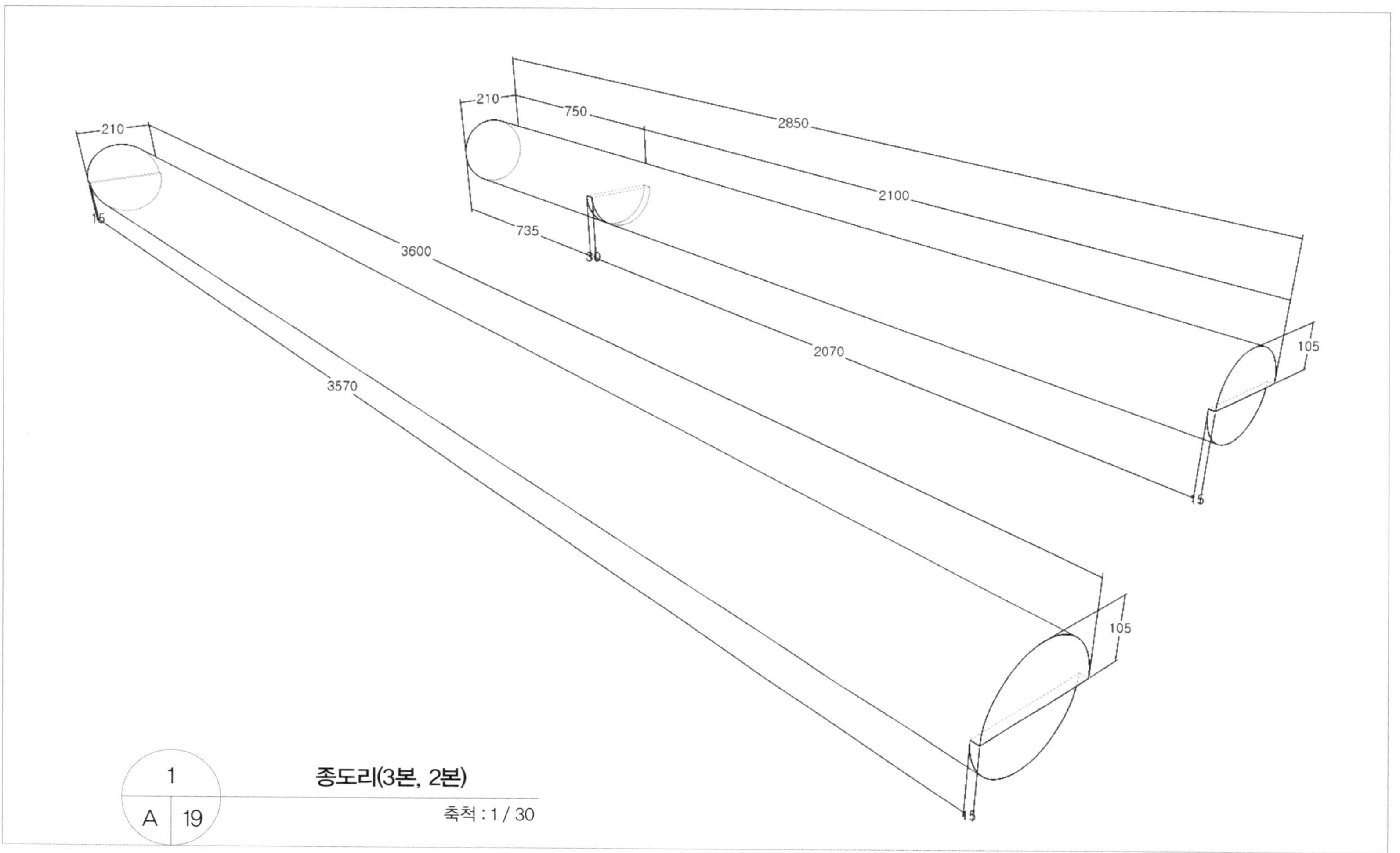

종도리(3본, 2본)

축척 : 1 / 30

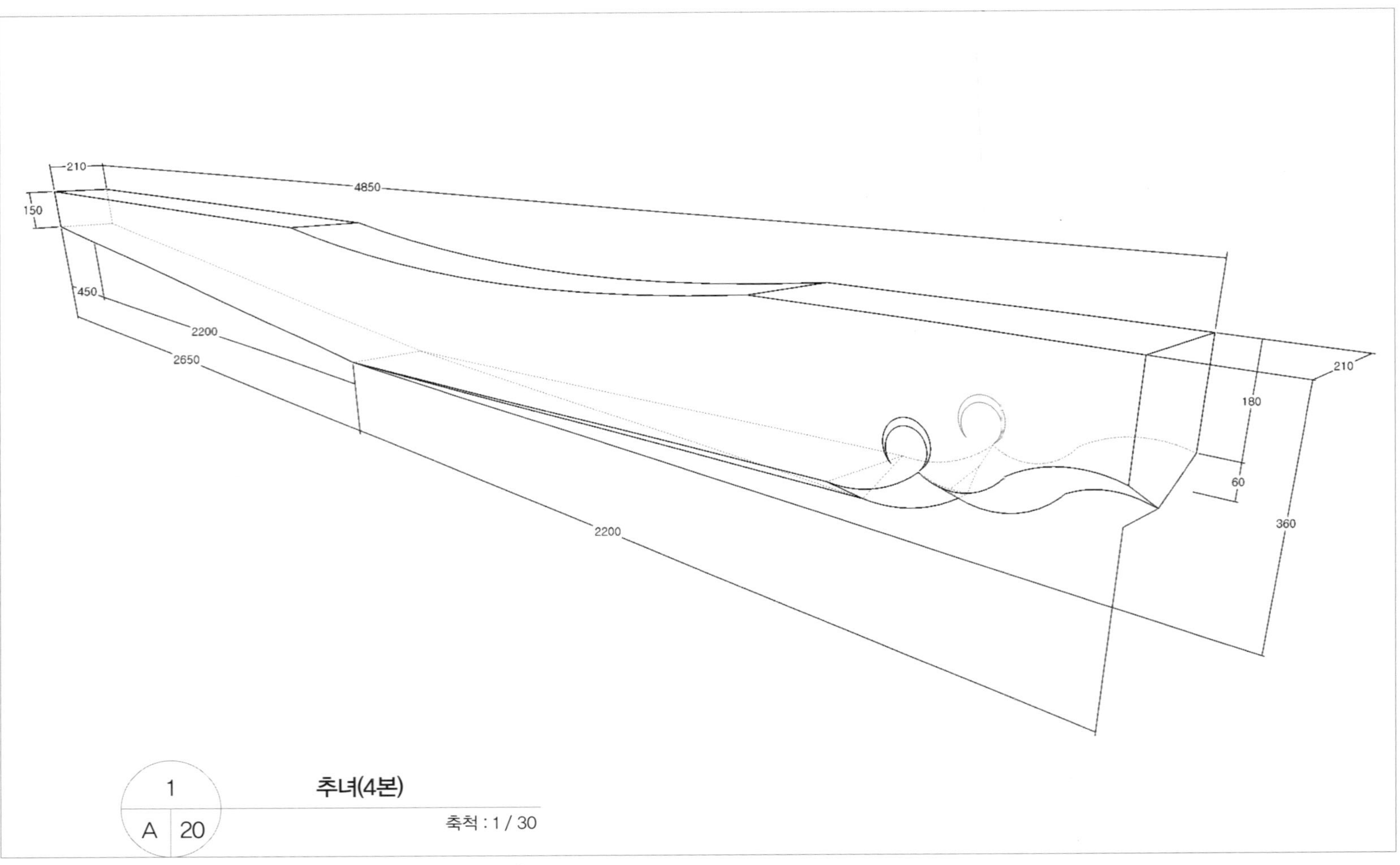

추녀(4본)

축척 : 1 / 30

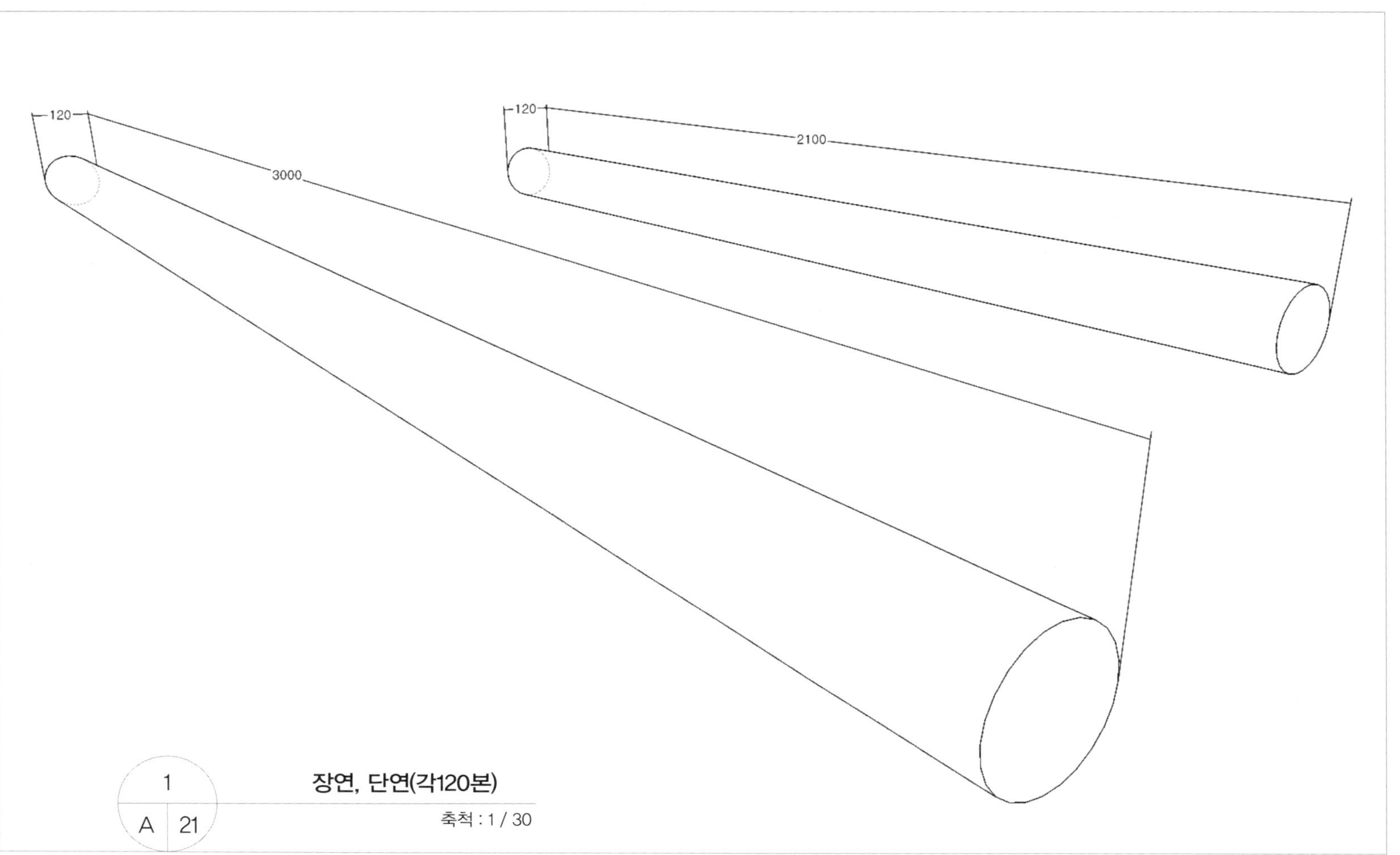

장연, 단연(각120본)

축척 : 1 / 30

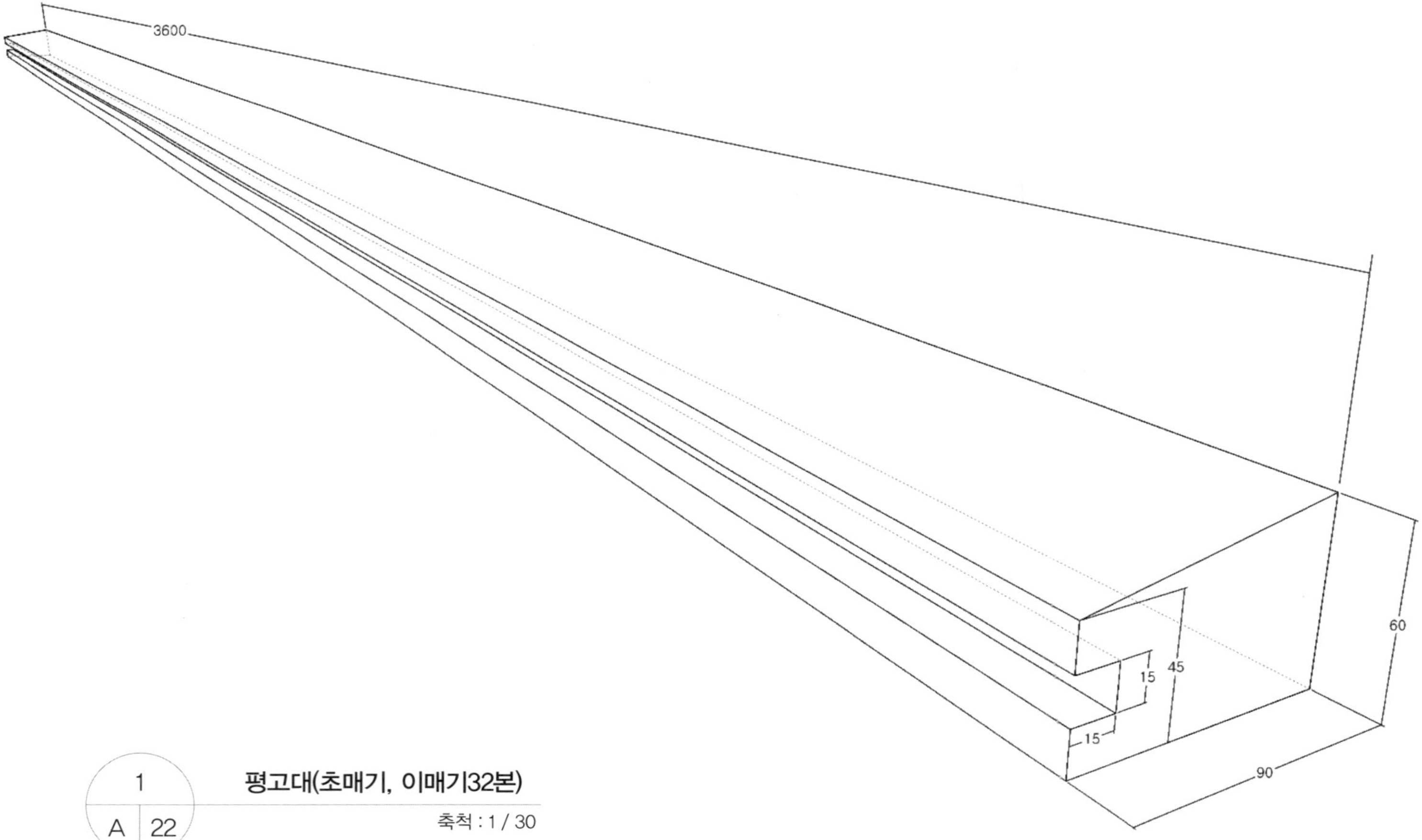

3600
60
90
45
15
15

1
A 22

평고대(초매기, 이매기32본)

축척 : 1 / 30

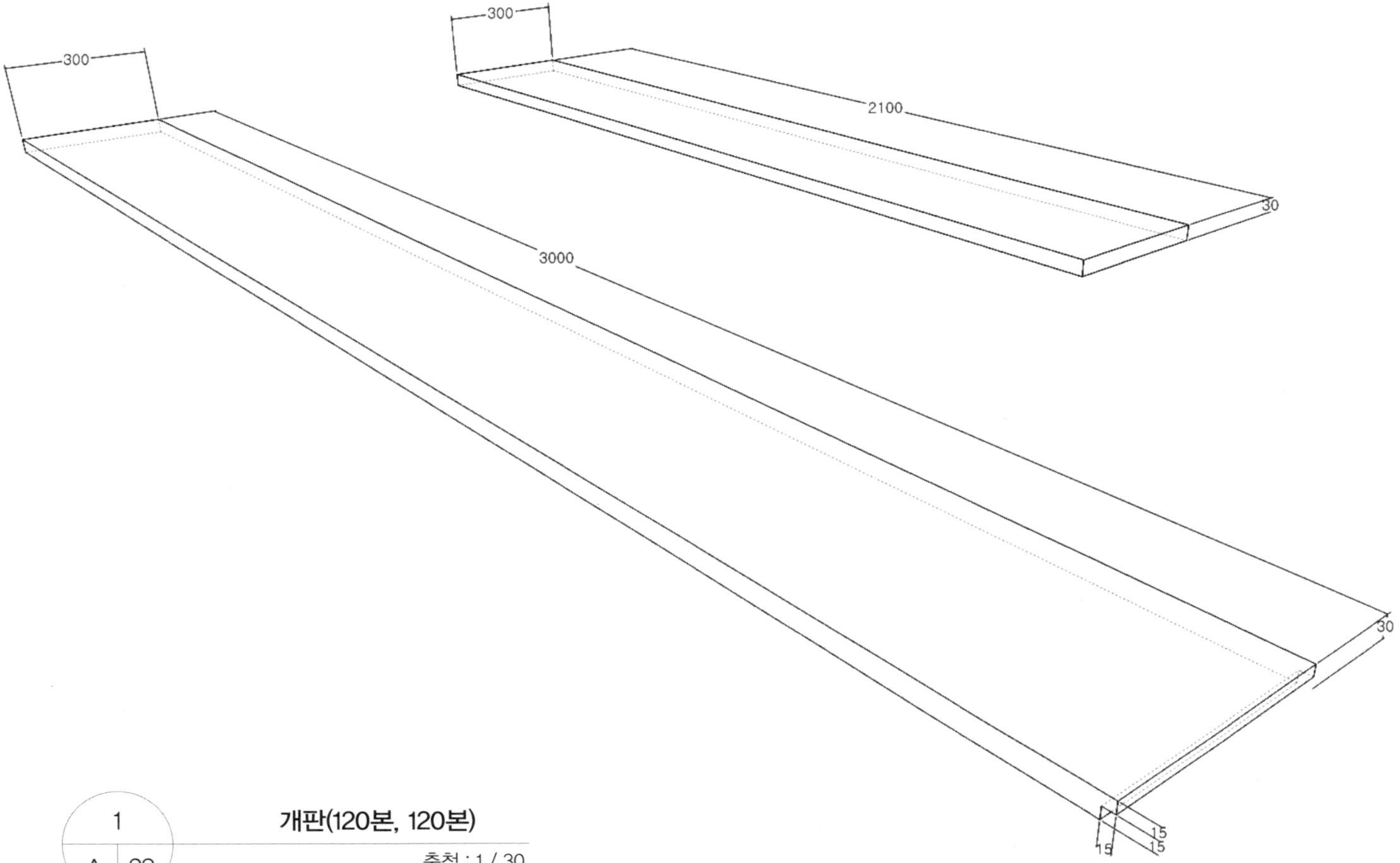

300

300

2100

30

3000

30

15

15

15

1

A | 23

개판(120본, 120본)

축척 : 1 / 30

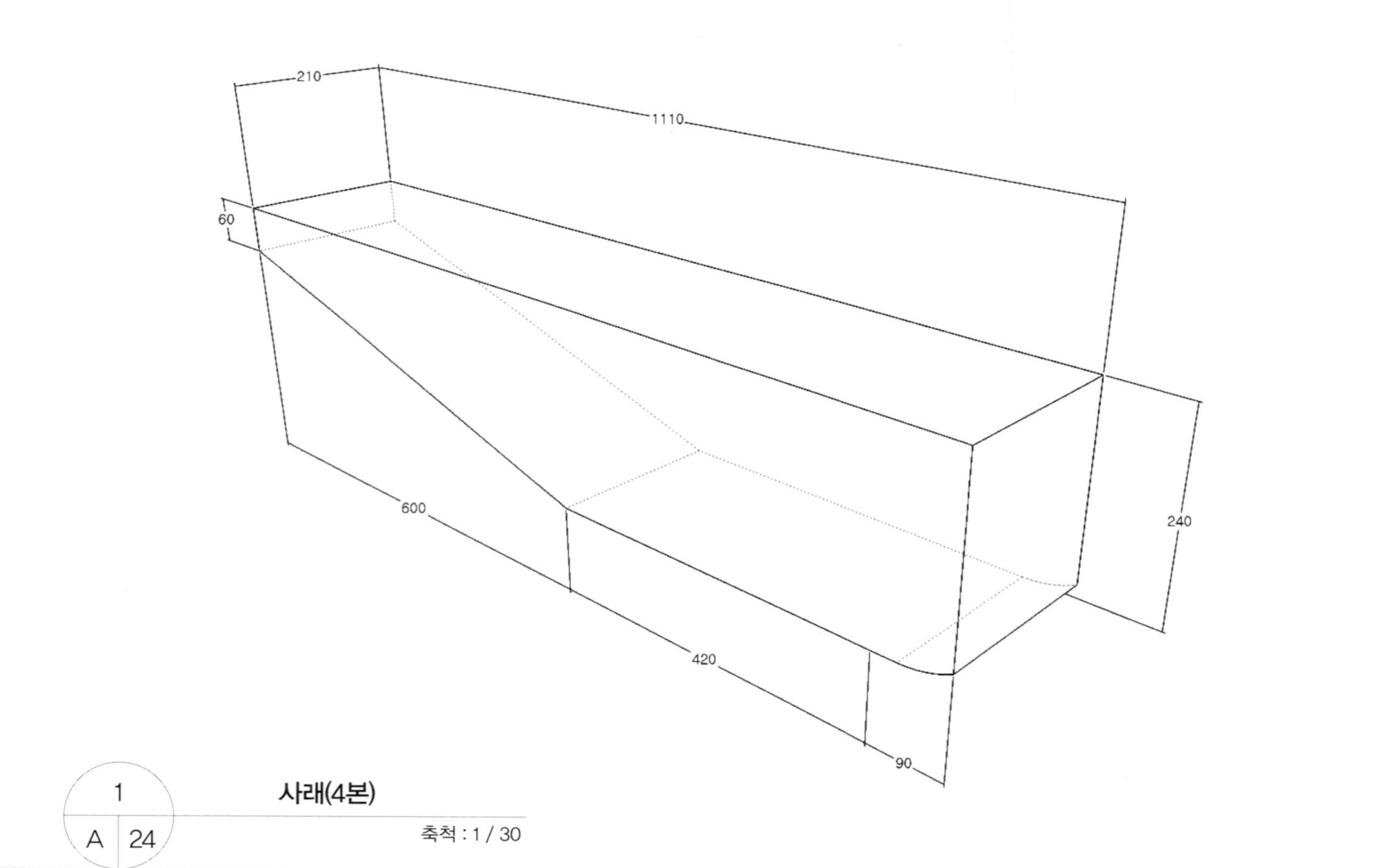

사래(4본)

축척 : 1 / 30

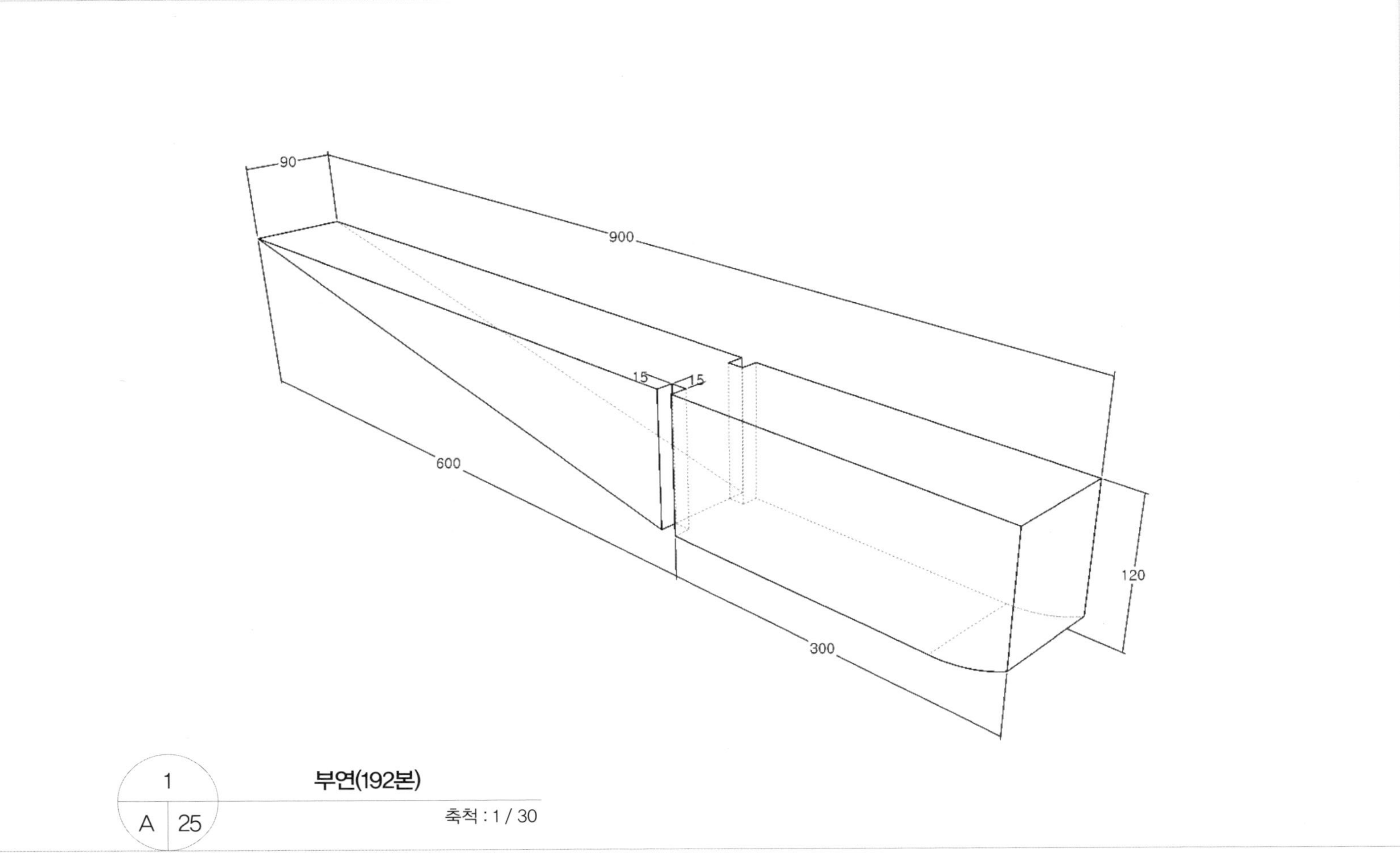

부연(192본)
축척 : 1 / 30

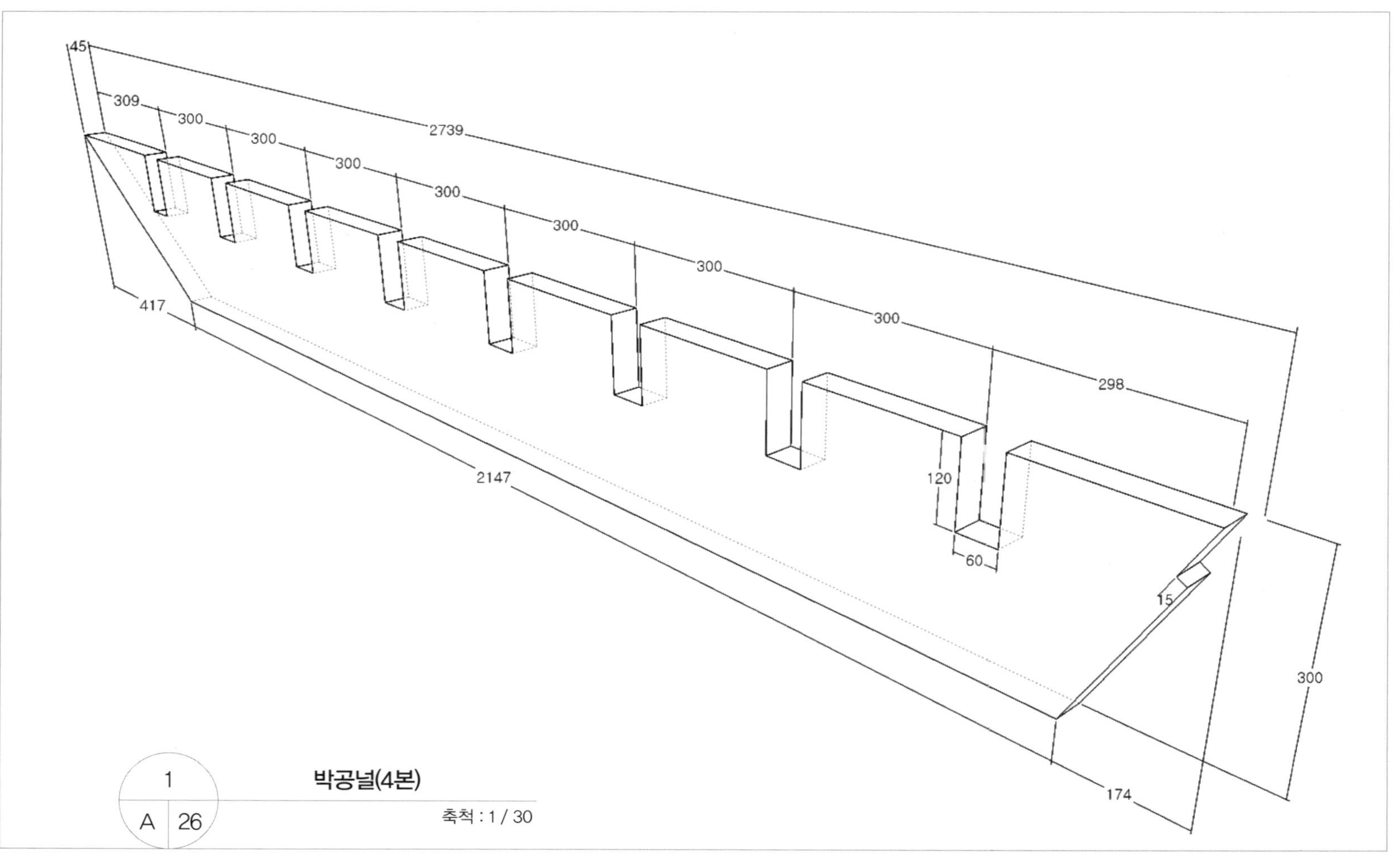
45
309
300
300
300
300
300
300
300
298
2739
417
2147
120
60
15
300
174
1
A
26

박공널(4본)

축척 : 1 / 30

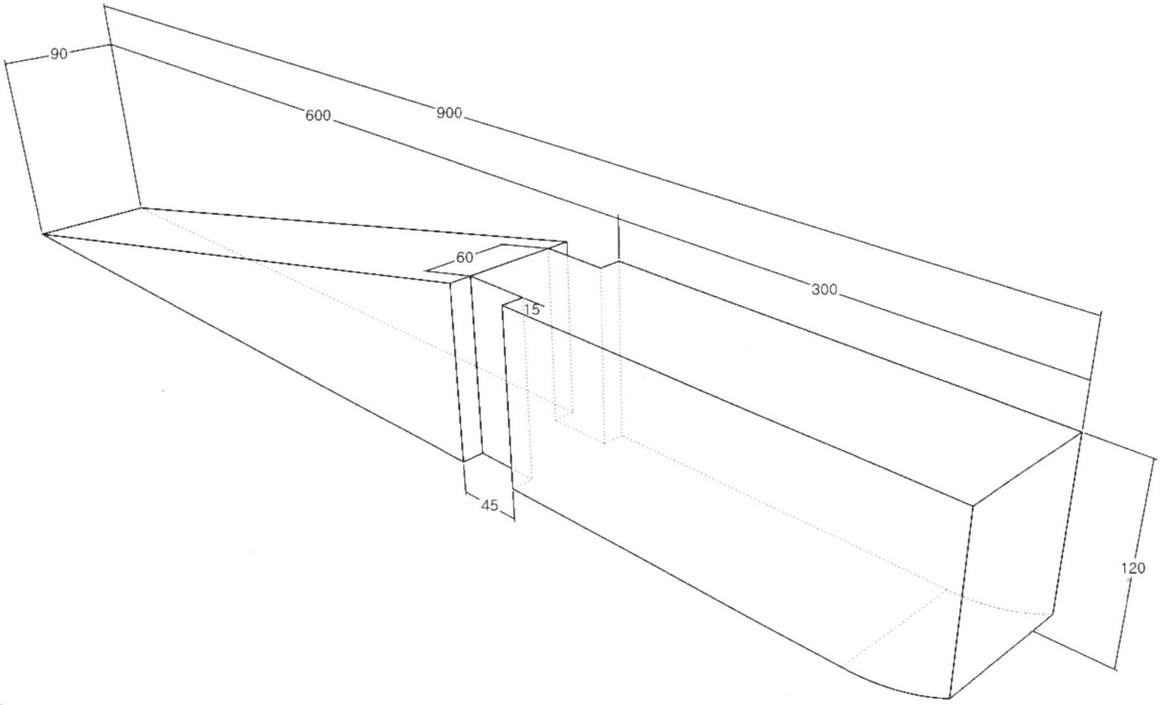

90
600
900
60
15
300
45
120

1
A 27

목기연(34본)

축척 : 1 / 30

비율로 보는 한옥 실무

초판 1쇄 인쇄 2018년 03월 12일
개정판 1쇄 발행 2024년 02월 21일
지은이 서정원

펴낸이 김양수
책임편집 이정은
교정교열 연유나

펴낸곳 도서출판 맑은샘
출판등록 제2012-000035
주소 경기도 고양시 일산서구 중앙로 1456 서현프라자 604호
전화 031) 906-5006
팩스 031) 906-5079
홈페이지 www.booksam.kr
블로그 http://blog.naver.com/okbook1234
페이스북 facebook.com/booksam.kr
이메일 okbook1234@naver.com

ISBN 979-11-5778-635-0 (93540)